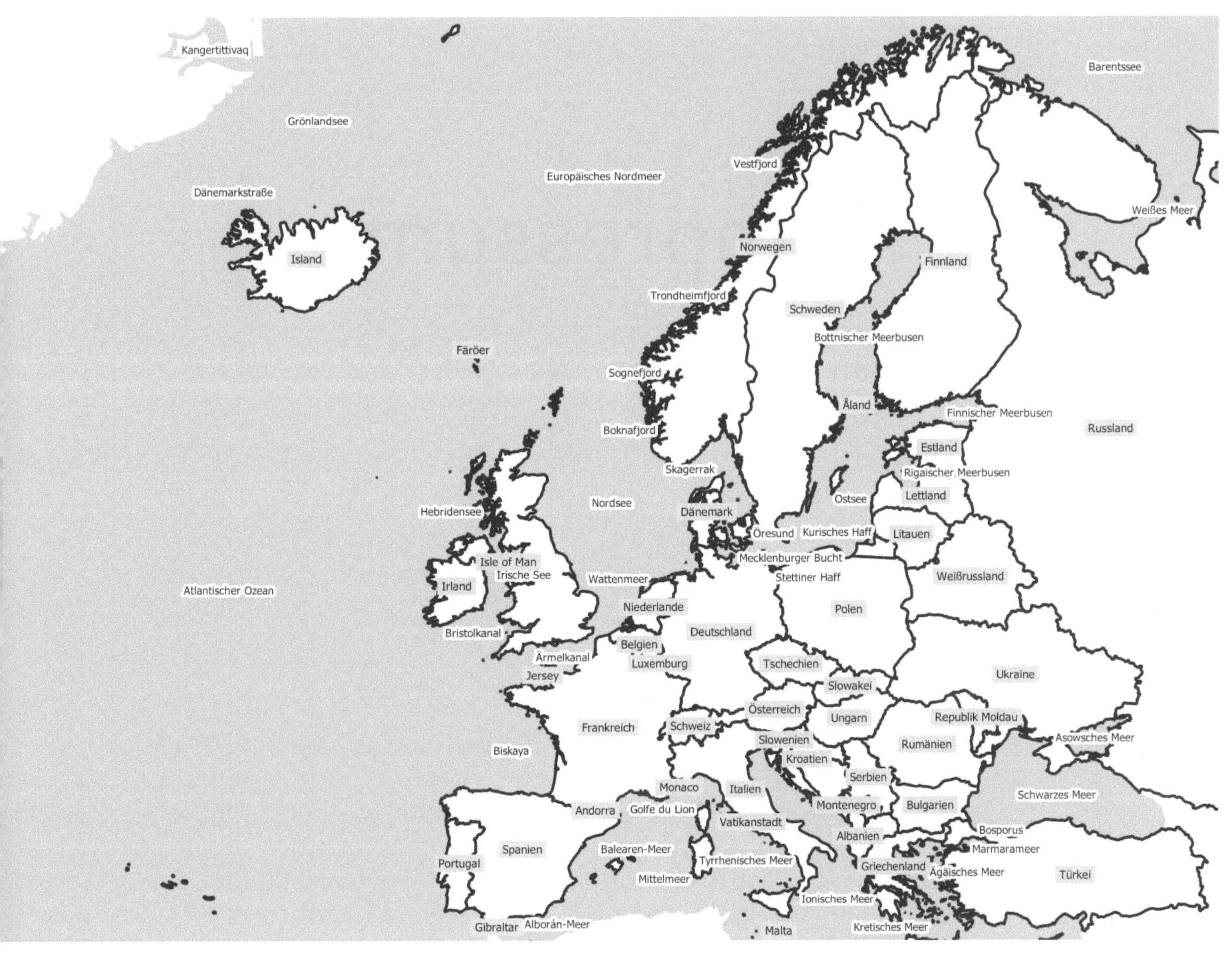

Kontinent Europa
geographischer Atlas
Arbeitsheft für Kinder

Impressum

© OpenStreetMap-Mitwirkende
Die Daten sind unter der OpenStreetMap-Lizenz verfügbar
www.openstreetmap.org/copyright
openstreetmap.org   opendatacommons.org   creativecommons.org
Geodaten https://www.naturalearthdata.com/
Die Daten wurden von © M&M Baciu 2023 geändert

© 2023 M&M Baciu

ISBN Softcover: 978-3-347-89088-6
ISBN Hardcover: 978-3-347-89091-6

Druck und Distribution im Auftrag des Autors:
tredition GmbH, An der Strusbek 10, 22926 Ahrensburg, Germany

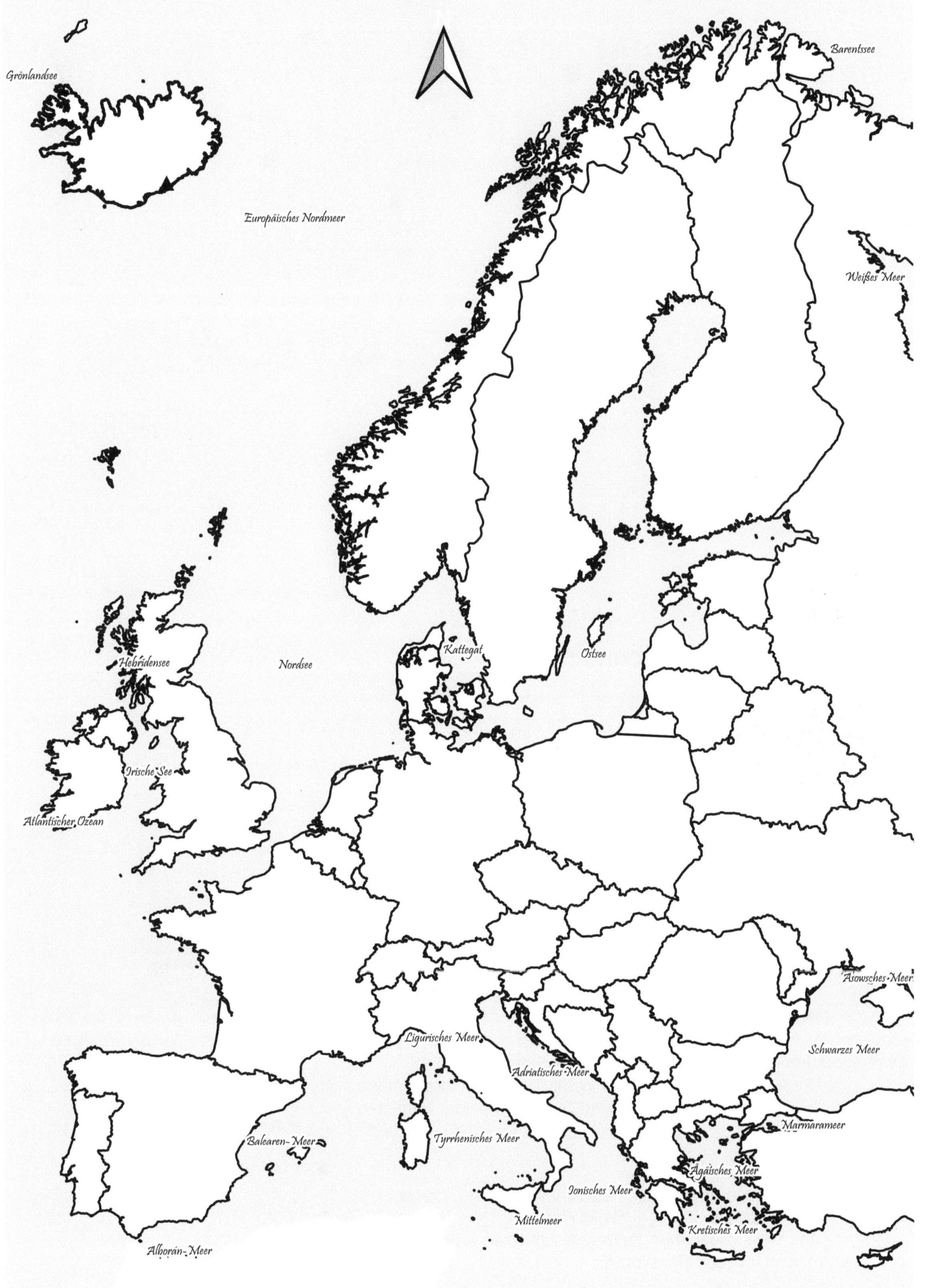

Grönlandsee
Barentssee
Weißes Meer
Europäisches Nordmeer
Hebridensee
Nordsee
Kattegat
Ostsee
Irische See
Atlantischer Ozean
Asowsches Meer
Ligurisches Meer
Schwarzes Meer
Adriatisches Meer
Marmarameer
Balearen-Meer
Tyrrhenisches Meer
Agäisches Meer
Ionisches Meer
Mittelmeer
Kretisches Meer
Alborán-Meer

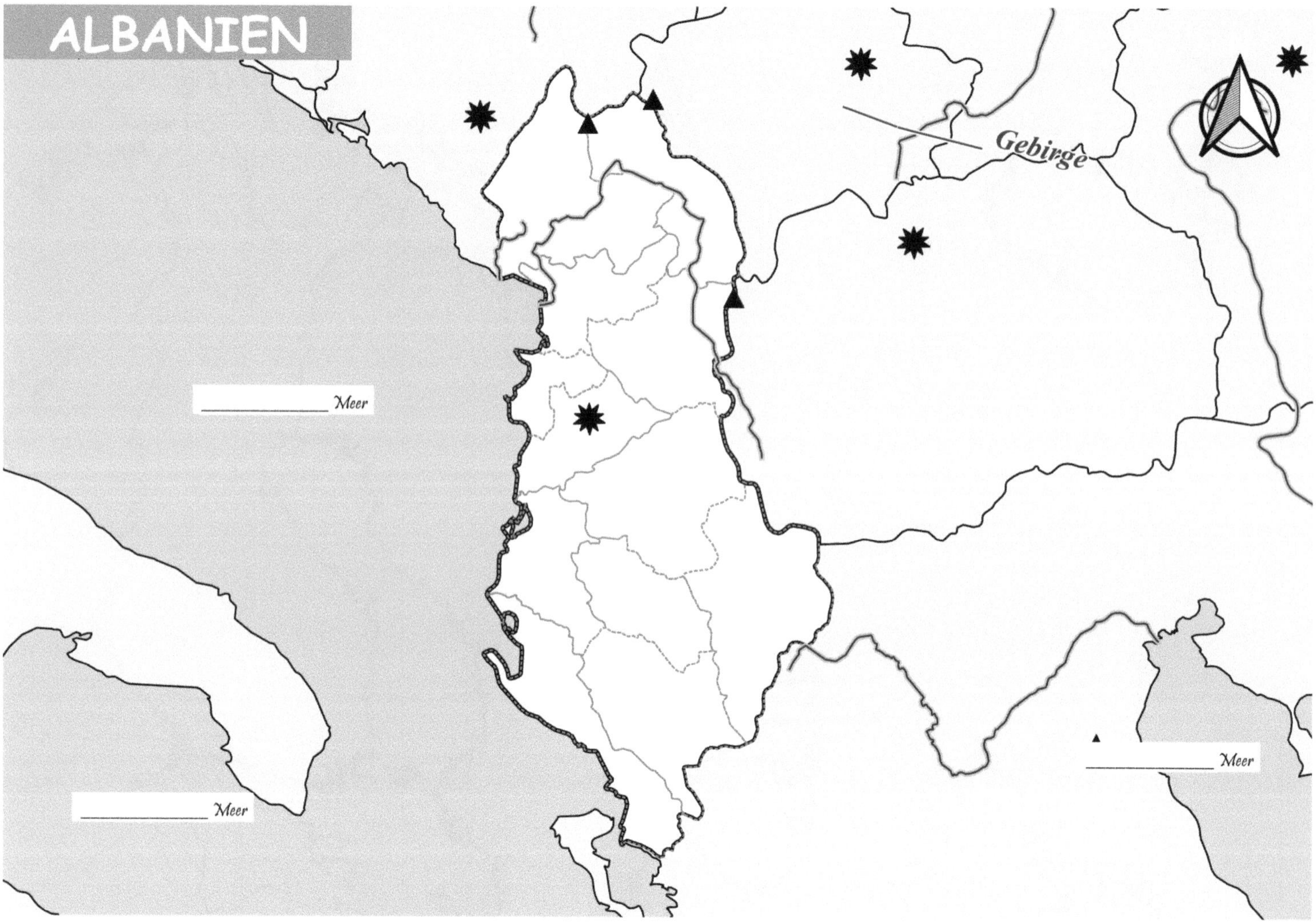

Albanien

liegt im südöstlichen Teil des _________________ und ist einer der
kleinsten Staaten Europas. Es grenzt an ______________ im
Norden, Serbien im ___________, Mazedonien im Osten,
__________________ im Süden und das ___________ Meer im
Westen.

Die geografische Lage des Landes wird von mehreren Flüssen,
Seen, Bergen und Tälern geprägt. Der längste Fluss Albaniens ist
der ________ mit 285 Km, der in den ________ See mündet. Der
Shkodra-See ist der größte See des Landes. Weitere Flüsse sind der
_________, der ________, der Buna und der ________.

Die höchste Bergspitze des Landes ist der ________-Gipfel mit einer
Höhe von ________ Metern. Andere bemerkenswerte Berge sind der
Maja e ________ mit 2.752 Metern und der Maja e Hotit mit
________ Metern.

Die Vegetation in Albanien umfasst verschiedene Arten von
_________ Wiesen, _________ und Gebirgsflächen. Die Flora umfasst
Laubbäume, Nadelbäume Sträucher und Gräser. Einie der häufisten
Pflanzenarten sind ________, Buche, ________, Birke, ________ und
Ahorn.

Die Fauna In Albanien umfasst eine Vielzahl von Tieren, darunter
Baren, ________, Luchse, ________, Wildschweine, ________,
_________ und viele Vogelarten. Zu den geschützten Arten zählen
der Balkan-Luchs und der Mopsvogel.

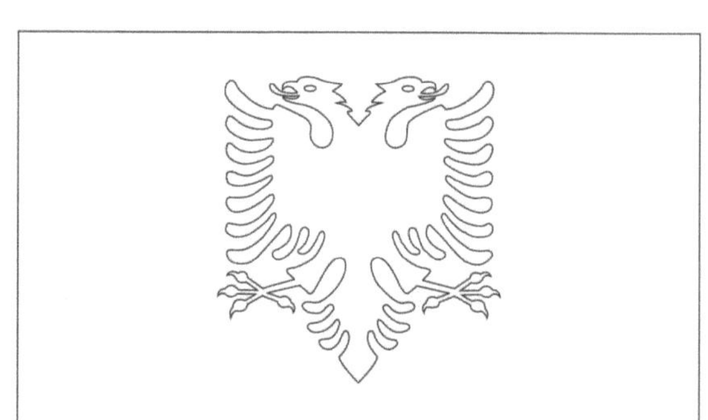

- 🌐 Offizielle Sprache:__________________
- ⬜ Fläche in km² : ____________________
- 👫 Einwohnerzahl: ____________________
- 🚌 Währung: ____________________
- ✴ Hauptstadt:____________________
- ▲ Höchster Berg:____________________
- — Längster Fluss: ____________________

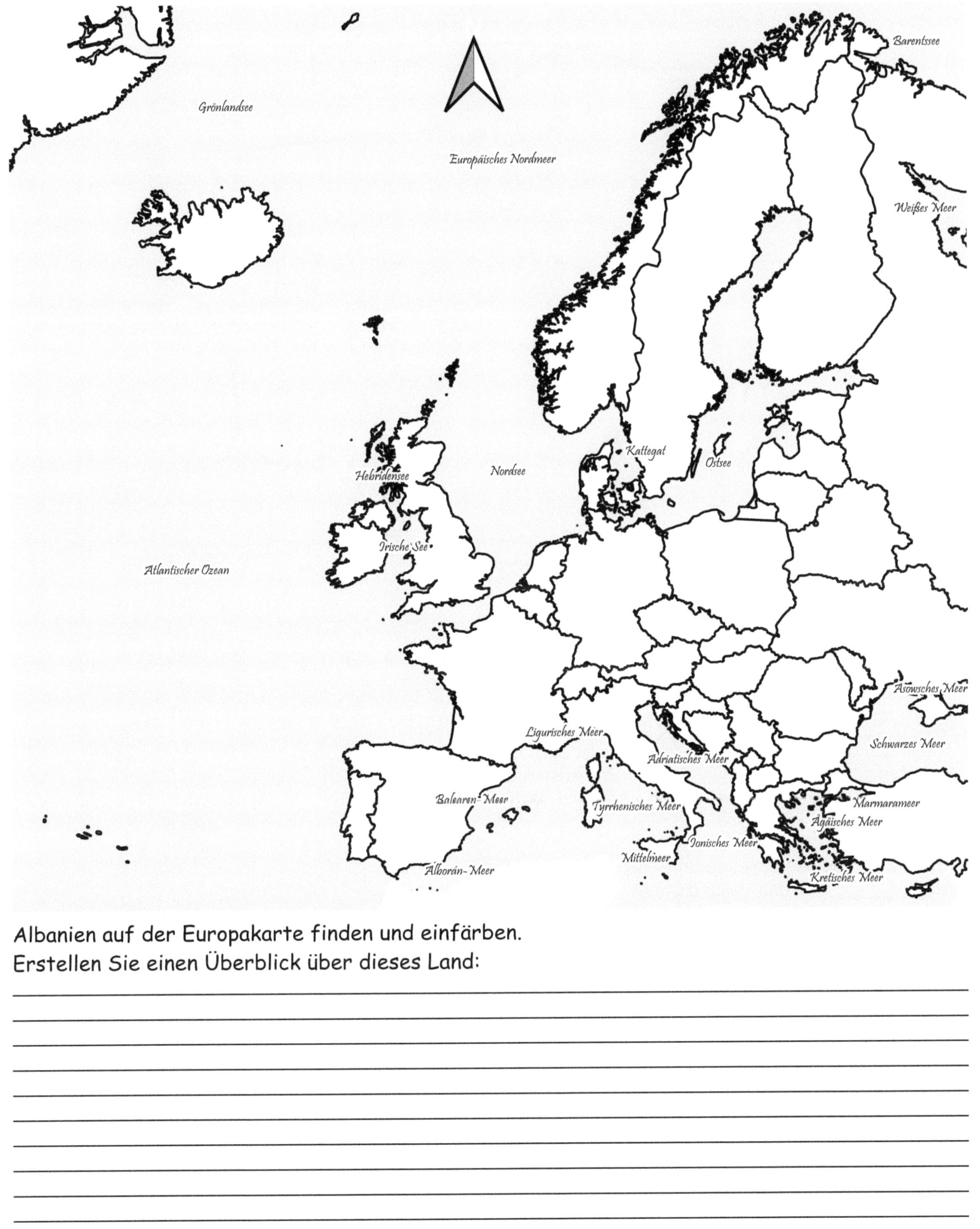

Albanien auf der Europakarte finden und einfärben.

Erstellen Sie einen Überblick über dieses Land:

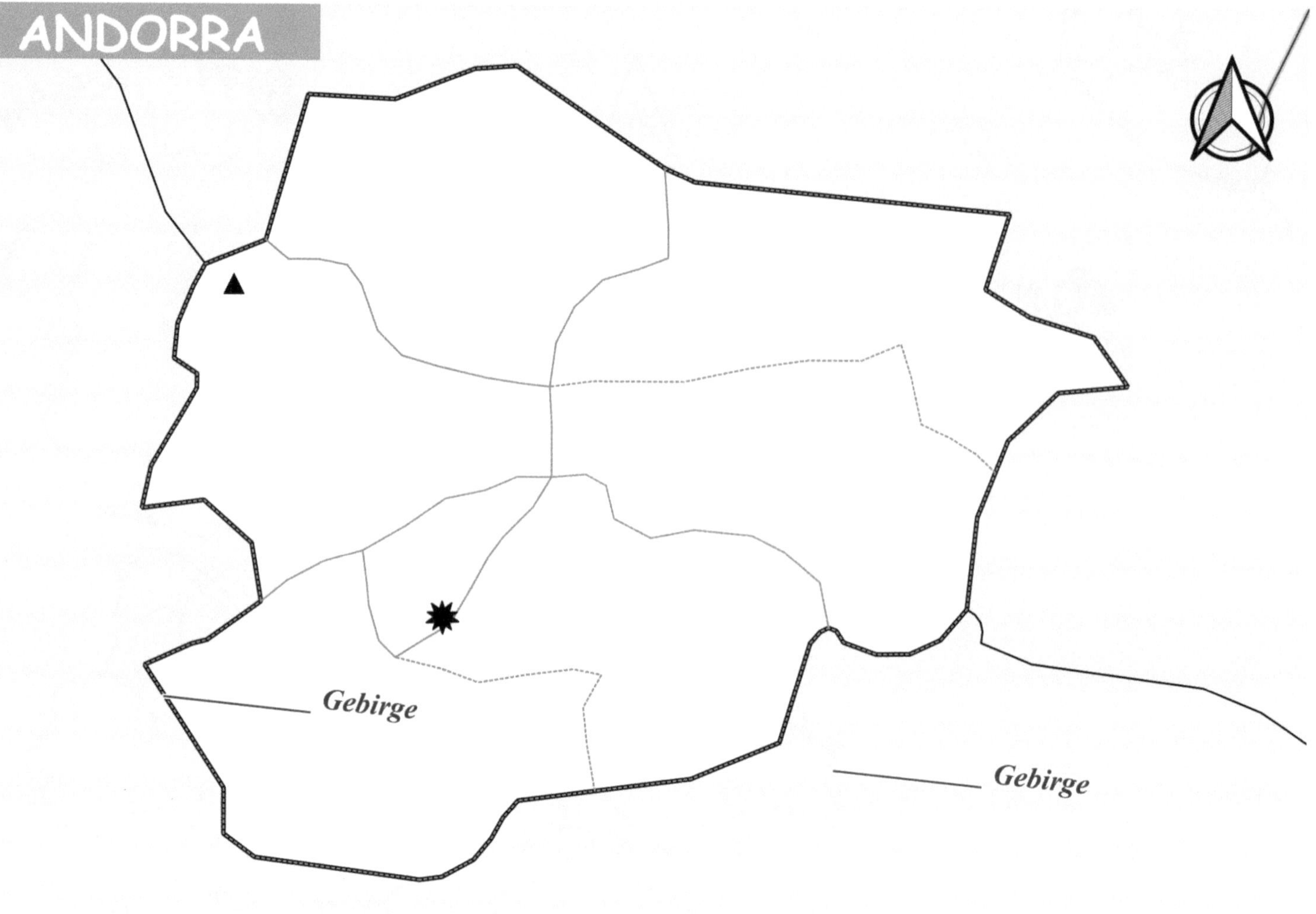

Andorra

liegt im _____________ Europas und ist ein Land, das sich zwischen Frankreich und _____________ befindet. Es ist auch eines der kleinsten Länder der ________. Es hat keine Küsten und ist von der ___________-Kette umgeben. Andorra hat zwei Nachbarn: ___________ und Frankreich.

Andorra hat einige Flüsse, darunter den _________, den Gran Valira, den _________ und den Valira d'Orient. Der ___________ ist der längste Fluss in Andorra, er ist etwa 90 km lang. Andorra hat auch einige Seen, darunter der Estany de ______________, der Estany de ____________ und der Estany de Tamarit.

Andorra ist ein sehr bergiges Land, mit Bergen und Hügeln, die alle über _________ Meter hoch sind. Der höchste Berg ist der _________________ mit 2.946 Metern.

Andorra hat eine reiche Vegetation. Es gibt viele verschiedene Arten von Bäumen und Sträuchern, darunter Eichen, _____________, Buchen, Lärchen und ______________. Es gibt auch eine Vielzahl von Blumen und Krautern, die in den Bergen und auf den Hugeln wachsen.

Andorra hat eine reiche Fauna. Es gibt viele verschiedene Arten von Vögeln, darunter Adler, ____________, Finken, ____________ und Auerhähne. Es gibt auch verschiedene Säugetiere, darunter Gämsen, ____________, Rehe, Füchse und __________________. Außerdem gibt es eine Vielzahl von Reptilien und ________________, darunter Schildkröten, Eidechsen und ____________.

Offizielle Sprache:___________________

Fläche in km² : _____________________

Einwohnerzahl: _____________________

Währung: ___________________________

Hauptstadt: _________________________

Höchster Berg:_______________________

Längster Fluss: _____________________

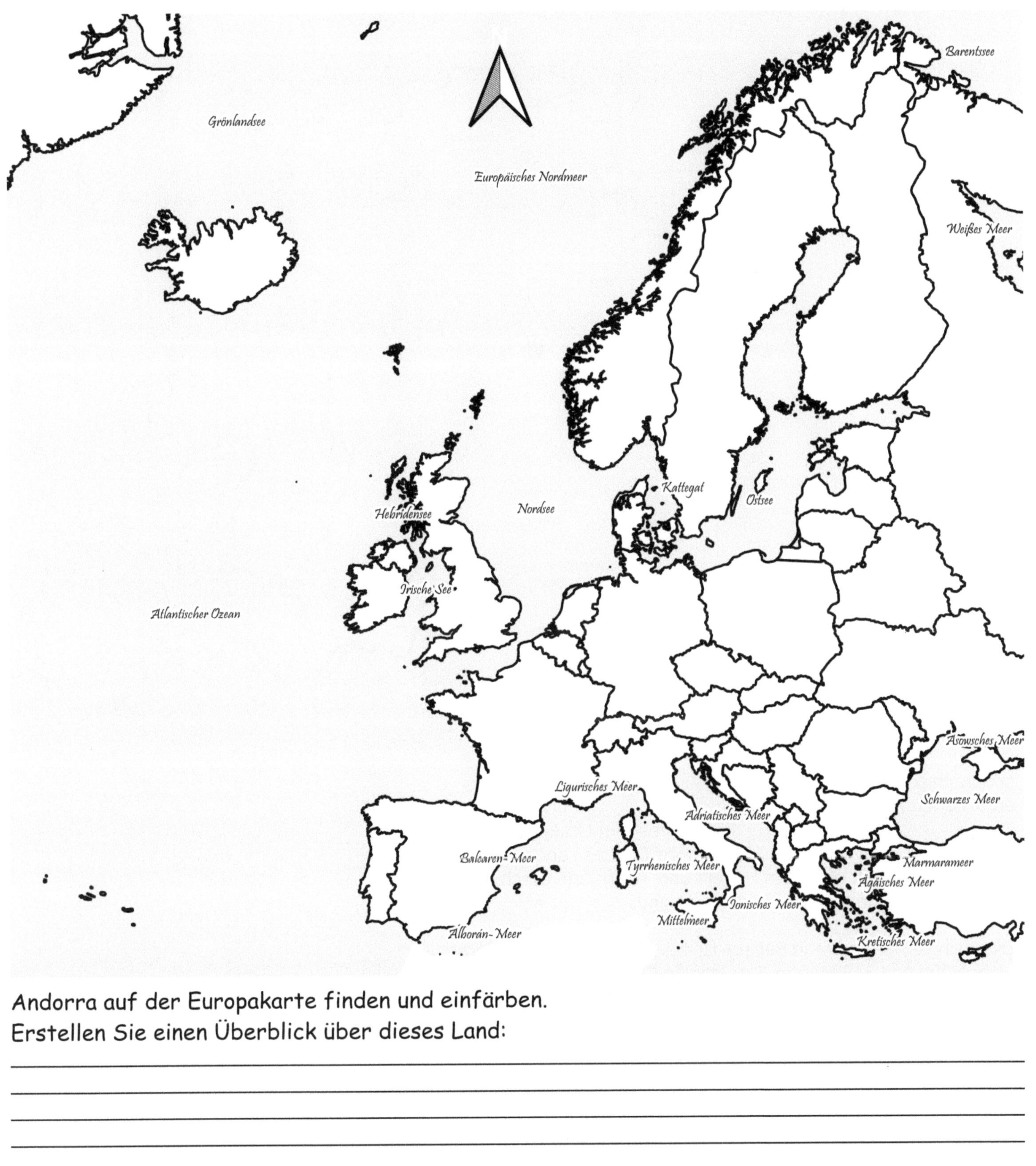

Andorra auf der Europakarte finden und einfärben.
Erstellen Sie einen Überblick über dieses Land:

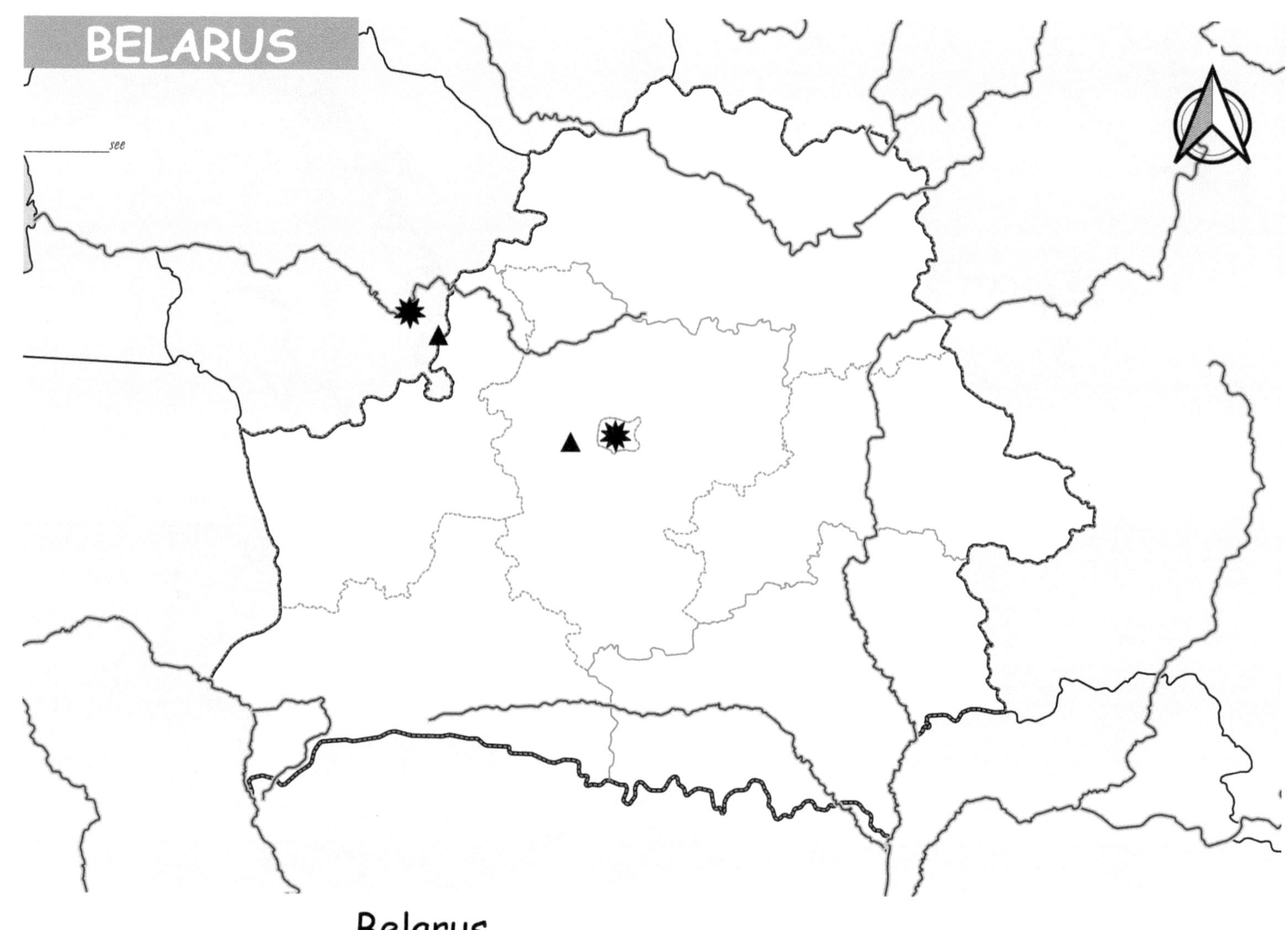

Belarus

geographisch liegt im ____________ Europas und ist ein Teil des
eurasischen Kontinents. Es ist von ____________ im Norden, Ukraine
im ____________, ____________ im Westen und Litauen im
________________ umgeben. Der größte Teil des Landes besteht aus
____________ Land, niedrigen Hügeln und Tälern, die durch
____________ und Bäche durchzogen sind.

Die höchste Bergspitze in Belarus ist die ______________ Hara mit
einer Höhe von 345 Metern. Der längste Fluss ist der __________, der
in der Ukraine entspringt und sich in Richtung Südwesten durch
____________ schlängelt, bevor er in die Ukraine fließt. Zu den
weiteren Flüssen gehören Pripyat, ____________, Berezina,
____________ und Western __________.

Belarus verfügt über viele Seen, darunter Naroch, ______________,
Balihrad und ____________. Die Landschaft ist reich an Bäumen,
Sträuchern und ______________, und es gibt auch Wälder, die
meisten davon sind ______________.

Belarus ist Heimat einer Vielzahl von Tieren, darunter Bären,
____________, Wölfe, ______________, Hasen, ______________, Luchse,
____________ und verschiedene Vogelarten wie Enten,
____________, Kraniche und ____________.

In den Wäldern und Mooren des Landes leben auch viele
______________ und Amphibien, darunter Schildkroten,
____________, Frosche und ____________. Es gibt auch eine Vielzahl
von Insekten, darunter Bienen, _________, Fliegen, ____________ und
Heuschrecken.

🌐 Offizielle Sprache:____________________

Fläche in km² : ____________________

👫 Einwohnerzahl: ____________________

🚃 Währung: ____________________

✴ Hauptstadt: ____________________

▲ Höchster Berg:____________________

— Längster Fluss: ____________________

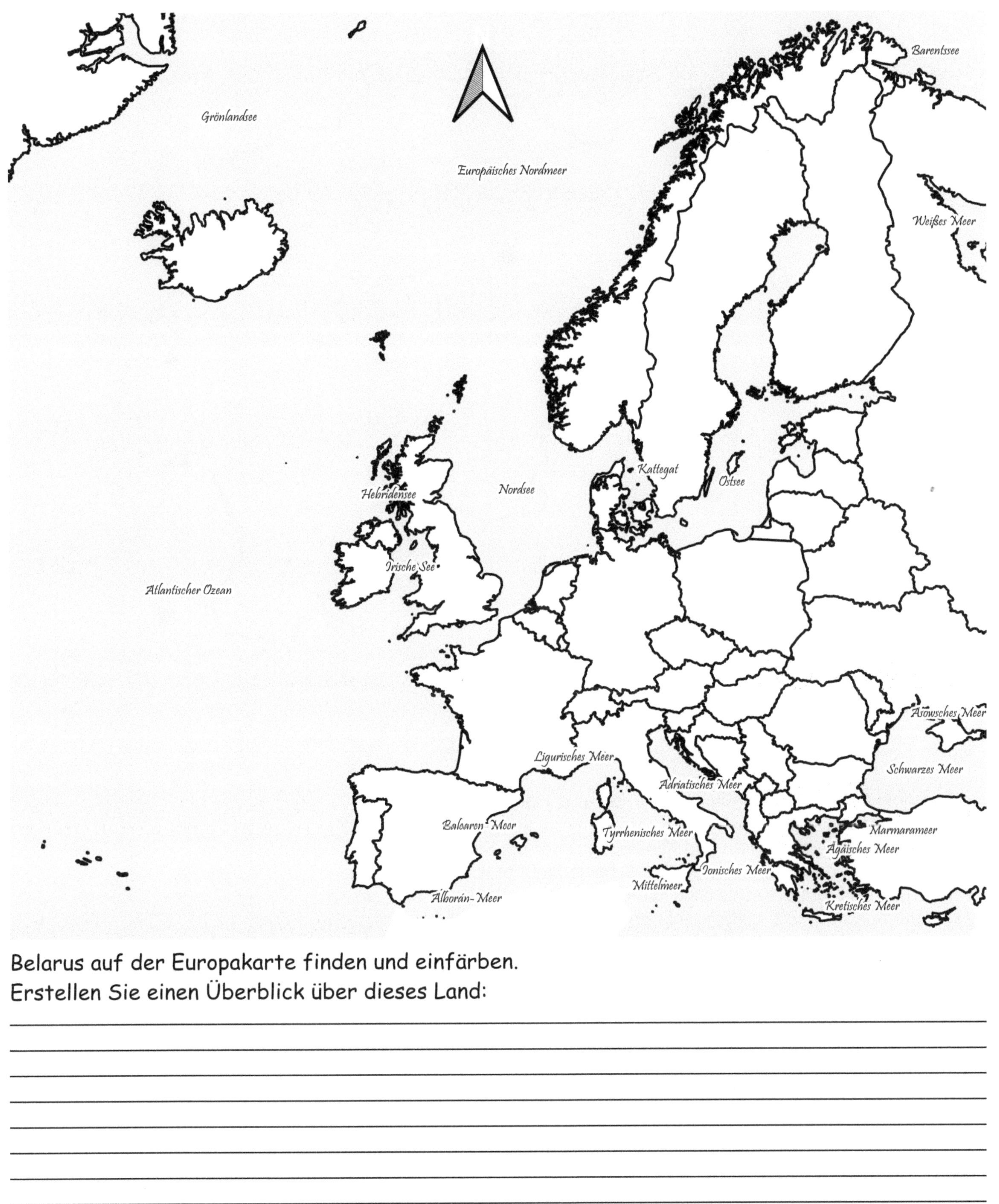

Belarus auf der Europakarte finden und einfärben.
Erstellen Sie einen Überblick über dieses Land:

____
____
____
____
____
____
____
____
____
____
____
____
____
____
____
____
____

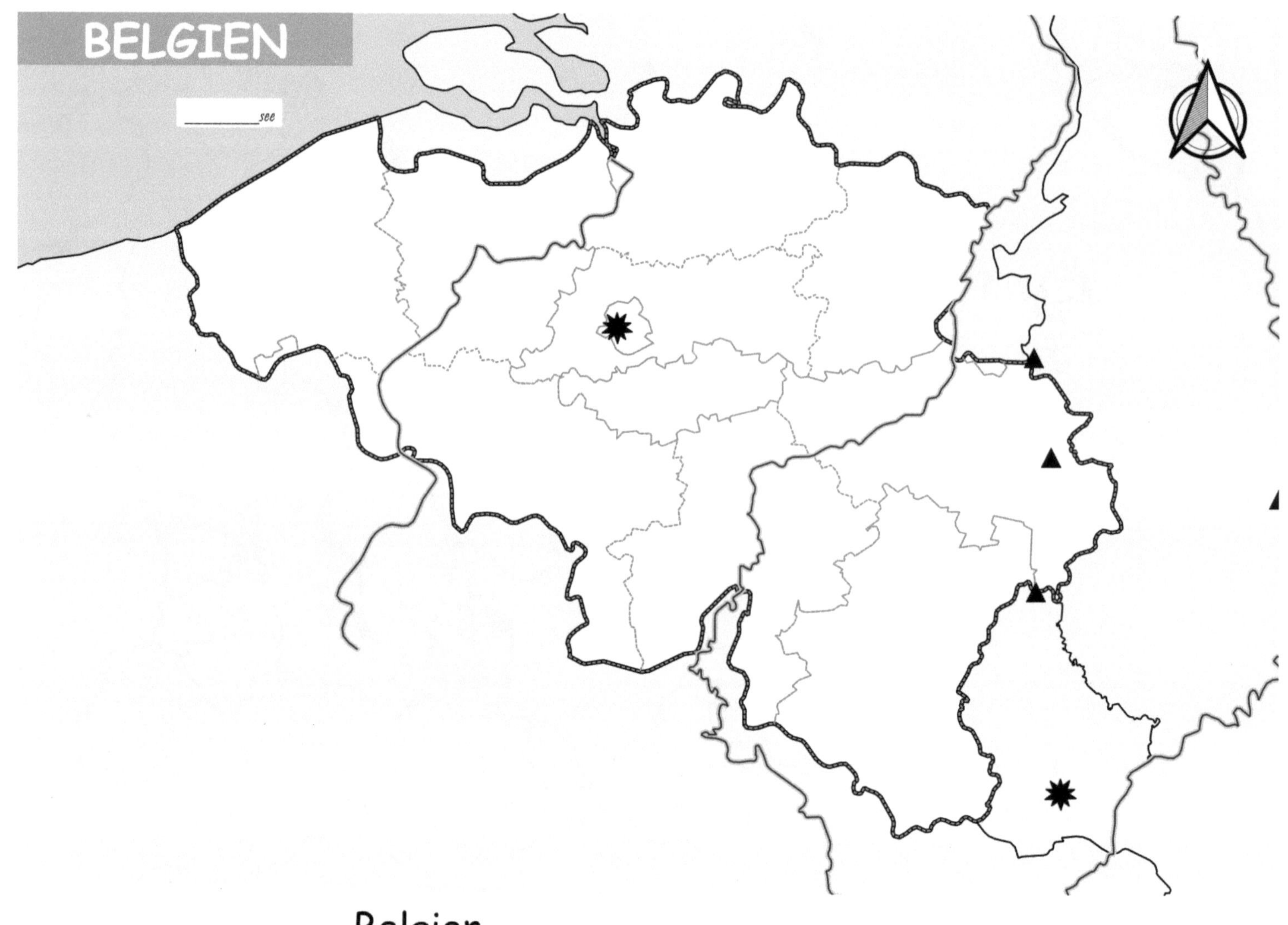

Belgien

ist ein westeuropäisches Land, das zwischen den Niederlanden,
________________, Luxemburg und ____________ liegt. Es hat eine
Küstenlinie am _______atlantik und umfasst eine Fläche von etwa
30.500 Quadratkilometern.
Belgien hat zahlreiche Flüsse und Kanäle, darunter die Schelde, die
__________ und die ___________. Die Schelde fließt durch
Antwerpen und mündet schließlich in die __________, während die
Maas durch Namur und Lüttich fließt und in den
____________________ in die Nordsee mündet. Der längste Fluss in
Belgien ist jedoch die ___________________ mit einer Gesamtlänge
von ______ Kilometern.
Belgien hat keine hohen Berge, aber es gibt einige Hügel und
Ausläufer der Ardennen im Südosten des Landes. Die höchste
Bergspitze Belgiens ist der __________ de Botrange mit einer Höhe
von _______ Metern. Der höchste Berg der Ardennen ist der
Baraque de Fraiture mit einer Höhe von _______ Metern.
In Belgien gibt es keine großen Seen, aber es gibt einige kleinere
Seen und Talsperren, wie den __________-See und den
________________-See. Die Küste Belgiens besteht aus breiten
Sandstränden und ___________.
Die Vegetation in Belgien ist vielfältig und variiert je nach Region.
Im __________ gibt es hauptsächlich Flachland und Felder, während
im _________ Waldgebiete und Hügel vorherrschen. Die Fauna in
Belgien ist ebenfalls vielfältig und umfasst eine Reihe von
Säugetieren, ____________, Fischen und __________________. Im
Ardennen-Gebirge gibt es Wildschweine, __________ und
____________, während an der Küste Seehunde und Kegelrobben
beobachtet werden können.

Offizielle Sprache:________________

Fläche in km² : __________________

Einwohnerzahl: __________________

Währung: ______________________

Hauptstadt: ____________________

Höchster Berg:__________________

____ Längster Fluss: ___________________

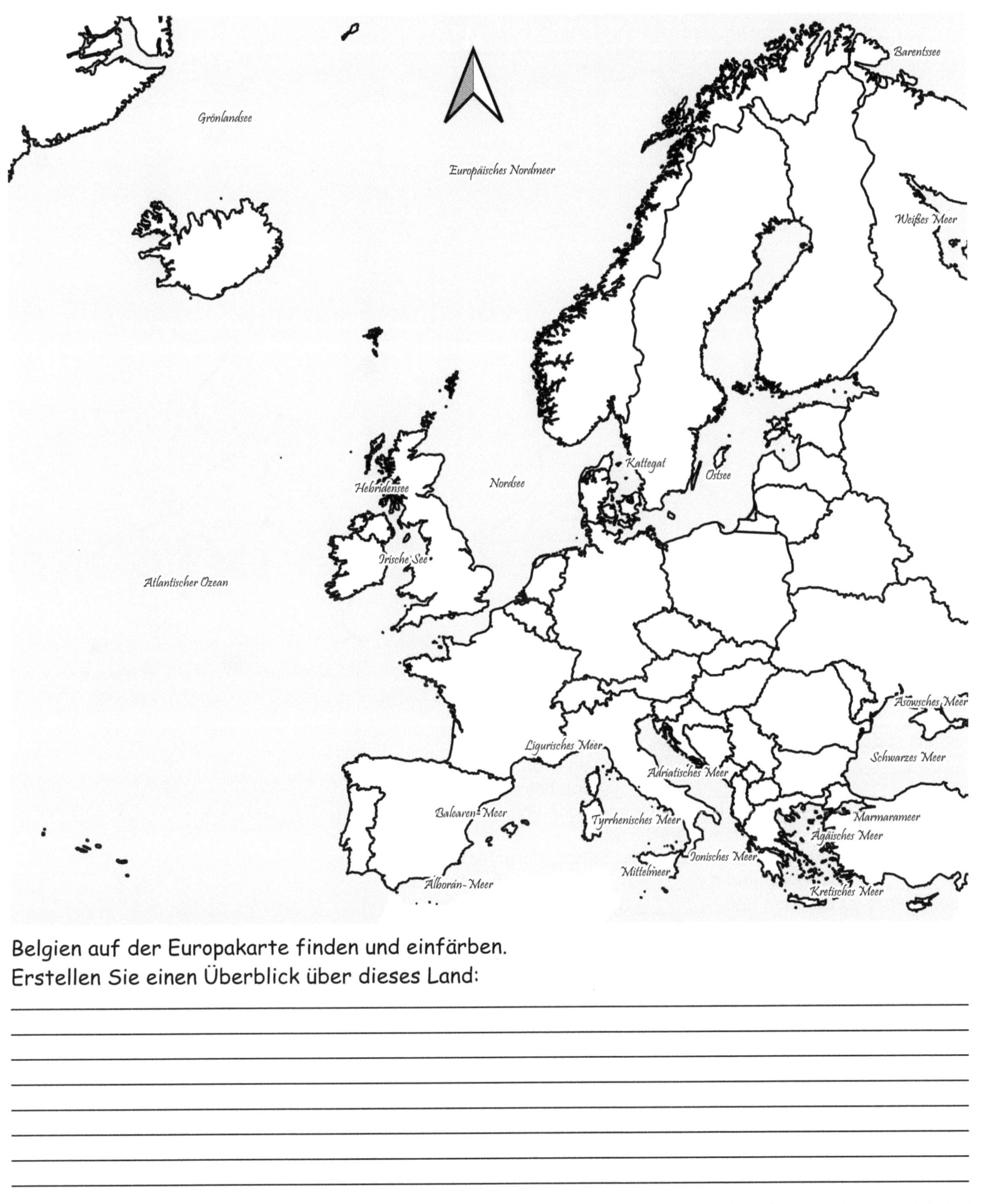

Belgien auf der Europakarte finden und einfärben.
Erstellen Sie einen Überblick über dieses Land:

BOSNIEN UND HERZEGOWINA

Bosnien und Herzegowina

ist ein südosteuropäisches Land, das auf der
______________________ liegt. Es grenzt an Kroatien,
______________ und ________________ und hat eine Küste am
______________ Meer. Das Land hat eine Fläche von etwa
__________________ Quadratkilometern.

Bosnien und Herzegowina hat zahlreiche Flüsse, darunter die
____________, die Drina und die ____________. Die Save fließt entlang
der Grenze zu Kroatien und __________ und mündet schließlich in die
__________________. Die Drina fließt entlang der Grenze zu
Serbien und Montenegro und ist der längste Fluss in Bosnien und
Herzegowina mit einer Gesamtlänge von ____________ Kilometern.
Die ________ ist ein wichtiger Fluss im Land, der durch Sarajevo
fließt und in die Save mündet.

Es gibt auch einige Seen in Bosnien und Herzegowina, wie zum
Beispiel den ____________-See und den ______________-See. Die Seen
sind oft von malerischen Bergen und Wäldern umgeben, die sich
hervorragend für Wanderungen und Outdoor-Aktivitäten eignen.
Das Land hat auch beeindruckende Gebirgszüge wie die
__________________ Alpen und die Prenj-Bergkette. Die höchste
Bergspitze in Bosnien und Herzegowina ist der ____________ mit
einer Höhe von ______________ Metern. Es gibt auch viele andere
Berge, die oft von kristallklaren Flüssen und üppiger Vegetation
umgeben sind.

In Bosnien und Herzegowina gibt es eine Vielzahl von Landschaften
und Vegetationen, die sich von Region zu Region unterscheiden. Es
gibt Bergwälder, aber auch flache Ebenen und grüne Täler. In den
Bergen leben Wildtiere wie ______________, ______________ und
______________.

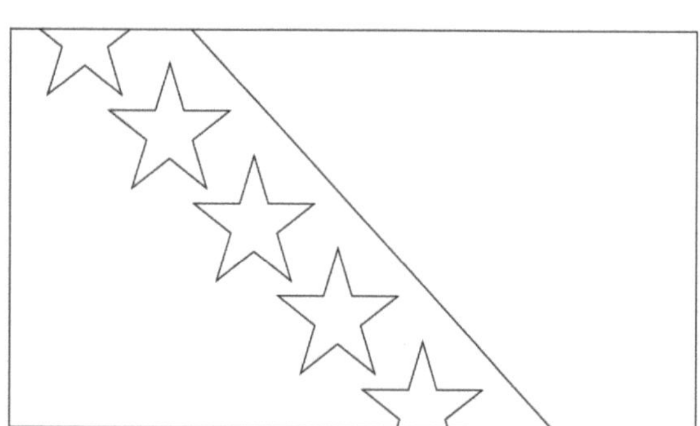

Offizielle Sprache:______________

Fläche in km² : ______________

Einwohnerzahl: ______________

Währung: ______________

Hauptstadt: ______________

Höchster Berg:______________

Längster Fluss: ______________

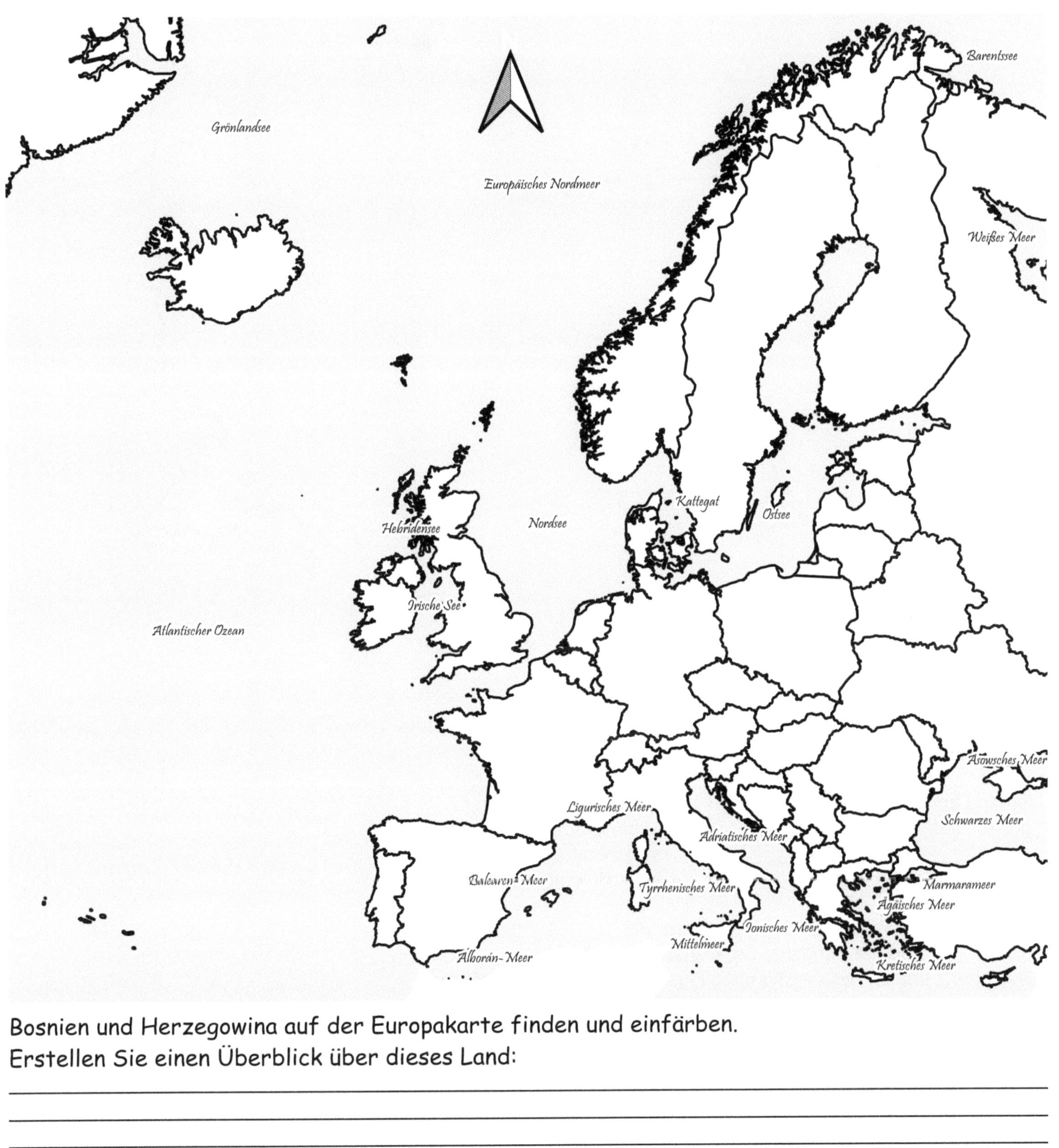

Bosnien und Herzegowina auf der Europakarte finden und einfärben.
Erstellen Sie einen Überblick über dieses Land:

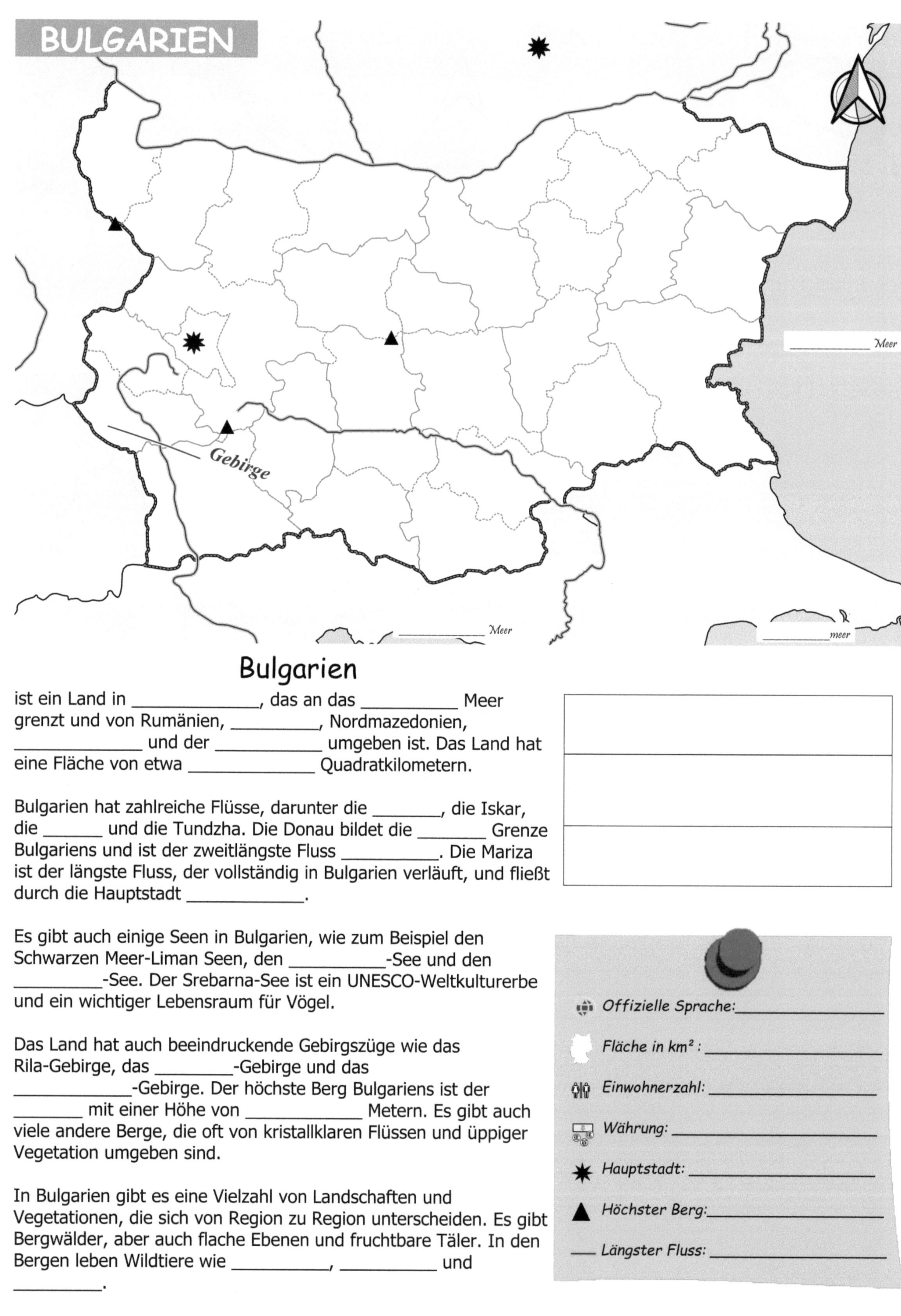

Bulgarien

ist ein Land in _____________, das an das ___________ Meer
grenzt und von Rumänien, __________, Nordmazedonien,
_______________ und der ___________ umgeben ist. Das Land hat
eine Fläche von etwa _____________ Quadratkilometern.

Bulgarien hat zahlreiche Flüsse, darunter die ________, die Iskar,
die _______ und die Tundzha. Die Donau bildet die ________ Grenze
Bulgariens und ist der zweitlängste Fluss ___________. Die Mariza
ist der längste Fluss, der vollständig in Bulgarien verläuft, und fließt
durch die Hauptstadt ____________.

Es gibt auch einige Seen in Bulgarien, wie zum Beispiel den
Schwarzen Meer-Liman Seen, den ___________-See und den
___________-See. Der Srebarna-See ist ein UNESCO-Weltkulturerbe
und ein wichtiger Lebensraum für Vögel.

Das Land hat auch beeindruckende Gebirgszüge wie das
Rila-Gebirge, das _________-Gebirge und das
______________-Gebirge. Der höchste Berg Bulgariens ist der
________ mit einer Höhe von _____________ Metern. Es gibt auch
viele andere Berge, die oft von kristallklaren Flüssen und üppiger
Vegetation umgeben sind.

In Bulgarien gibt es eine Vielzahl von Landschaften und
Vegetationen, die sich von Region zu Region unterscheiden. Es gibt
Bergwälder, aber auch flache Ebenen und fruchtbare Täler. In den
Bergen leben Wildtiere wie ___________, ___________ und
___________.

Offizielle Sprache:____________________

Fläche in km² : ____________________

Einwohnerzahl: ____________________

Währung: ____________________

Hauptstadt: ____________________

Höchster Berg:____________________

___ Längster Fluss: ____________________

Bulgarien auf der Europakarte finden und einfärben.
Erstellen Sie einen Überblick über dieses Land:

DÄNEMARK

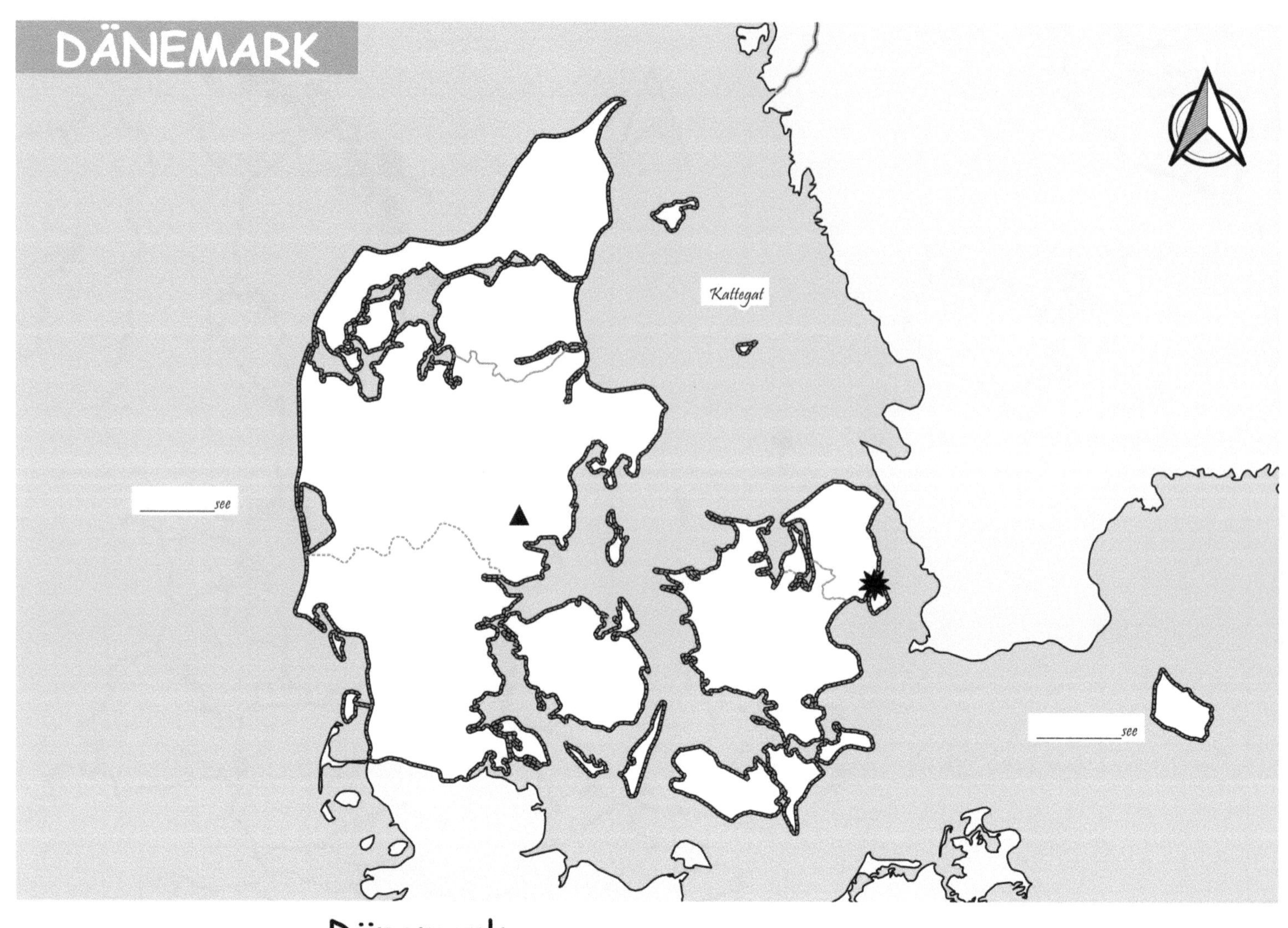

Dänemark

ist ein Land in _______europa und besteht aus der Halbinsel Jütland sowie zahlreichen Inseln, darunter das bekannteste Seeland, _________ und ___________. Es grenzt im _________ an das Skagerrak und Kattegat, im Osten an die _________ und im Süden und Westen an die ___________.

Das Land hat mehrere Flüsse, darunter den längsten Fluss Dänemarks, die __________. Es gibt auch einige Seen, wie z.B. den __________, den größten See des Landes, sowie den Silkeborg-See, der aufgrund seiner malerischen Umgebung ein beliebtes Touristenziel ist.

Dänemark ist bekannt für seine flache Landschaft und hat keine hohen Berge. Der höchste Berg des Landes ist der _____________, der eine Höhe von nur _______ Metern über dem Meeresspiegel erreicht. Dennoch gibt es einige Hügel und Erhebungen, die in einigen Regionen des Landes eine atemberaubende Aussicht bieten.

Die Vegetation in Dänemark ist vor allem durch die Grünflächen und Felder geprägt, die den Großteil der Landschaft bedecken. Es gibt jedoch auch einige Wälder und Heidelandschaften, wie z.B. die Plantage Rold Skov und die Heidegebiete um die Stadt Viborg.

Die Tierwelt in Dänemark umfasst sowohl terrestrische als auch marine Arten. Auf dem Festland leben Tiere wie __________, Wildschweine und __________. Die Küstengebiete sind Heimat von Robben, ___________ und Schweinswalen, während der Himmel von verschiedenen Arten von Vögeln wie Störchen, ___________ und __________ bevölkert wird.

Offizielle Sprache:___________________

Fläche in km² : ___________________

Einwohnerzahl: ___________________

Währung: ___________________

Hauptstadt: ___________________

Höchster Berg:___________________

____ Längster Fluss: ___________________

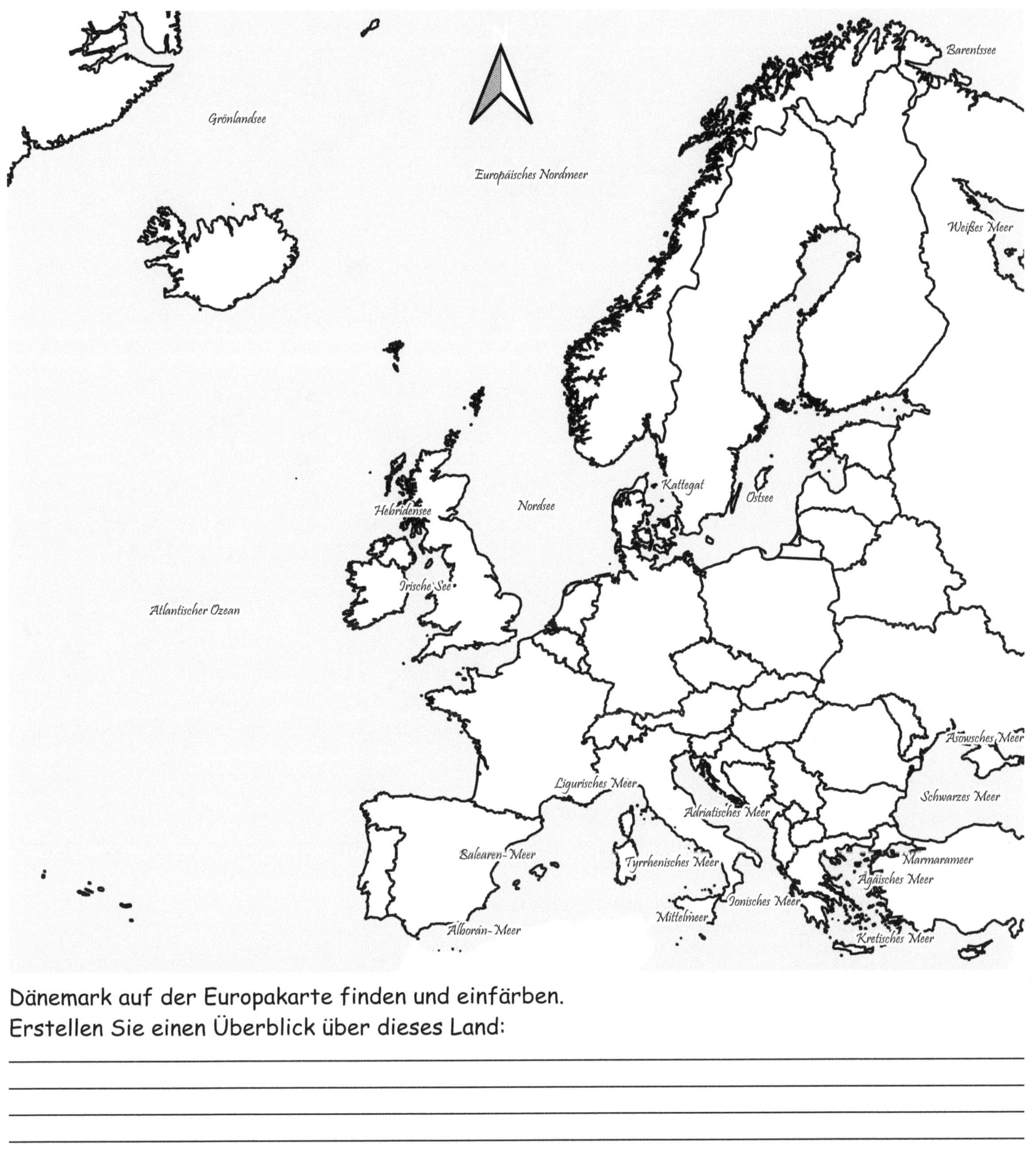

Dänemark auf der Europakarte finden und einfärben.
Erstellen Sie einen Überblick über dieses Land:

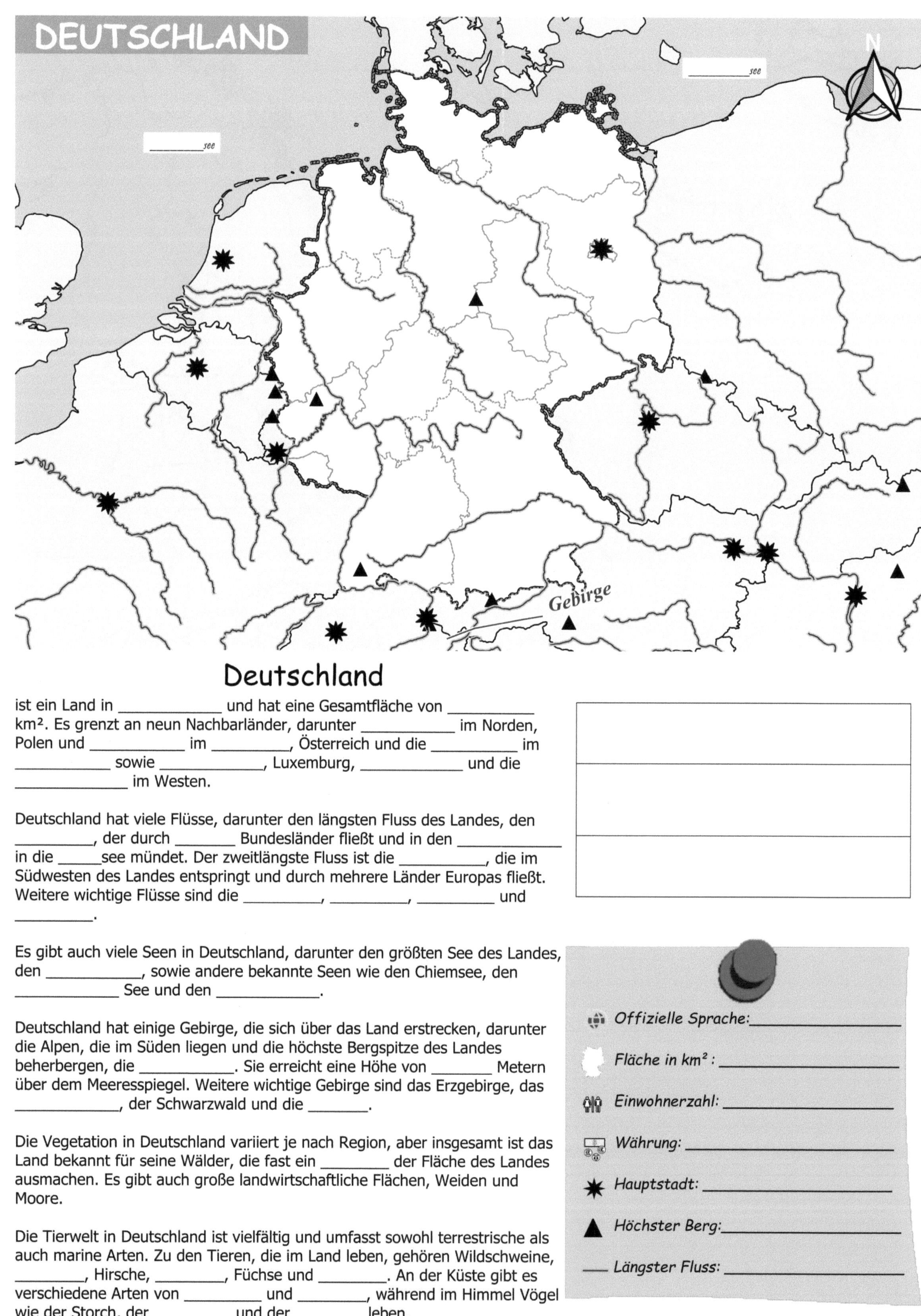

Deutschland

ist ein Land in ______________ und hat eine Gesamtfläche von ____________
km². Es grenzt an neun Nachbarländer, darunter ______________ im Norden,
Polen und ______________ im __________, Österreich und die ____________ im
______________ sowie ____________, Luxemburg, ______________ und die
________________ im Westen.

Deutschland hat viele Flüsse, darunter den längsten Fluss des Landes, den
____________, der durch ________ Bundesländer fließt und in den ______________
in die ______see mündet. Der zweitlängste Fluss ist die ____________, die im
Südwesten des Landes entspringt und durch mehrere Länder Europas fließt.
Weitere wichtige Flüsse sind die ___________, ___________, ___________ und
___________.

Es gibt auch viele Seen in Deutschland, darunter den größten See des Landes,
den ______________, sowie andere bekannte Seen wie den Chiemsee, den
________________ See und den ______________.

Deutschland hat einige Gebirge, die sich über das Land erstrecken, darunter
die Alpen, die im Süden liegen und die höchste Bergspitze des Landes
beherbergen, die ______________. Sie erreicht eine Höhe von ________ Metern
über dem Meeresspiegel. Weitere wichtige Gebirge sind das Erzgebirge, das
______________, der Schwarzwald und die ________.

Die Vegetation in Deutschland variiert je nach Region, aber insgesamt ist das
Land bekannt für seine Wälder, die fast ein __________ der Fläche des Landes
ausmachen. Es gibt auch große landwirtschaftliche Flächen, Weiden und
Moore.

Die Tierwelt in Deutschland ist vielfältig und umfasst sowohl terrestrische als
auch marine Arten. Zu den Tieren, die im Land leben, gehören Wildschweine,
__________, Hirsche, __________, Füchse und __________. An der Küste gibt es
verschiedene Arten von __________ und __________, während im Himmel Vögel
wie der Storch, der __________ und der ________ leben.

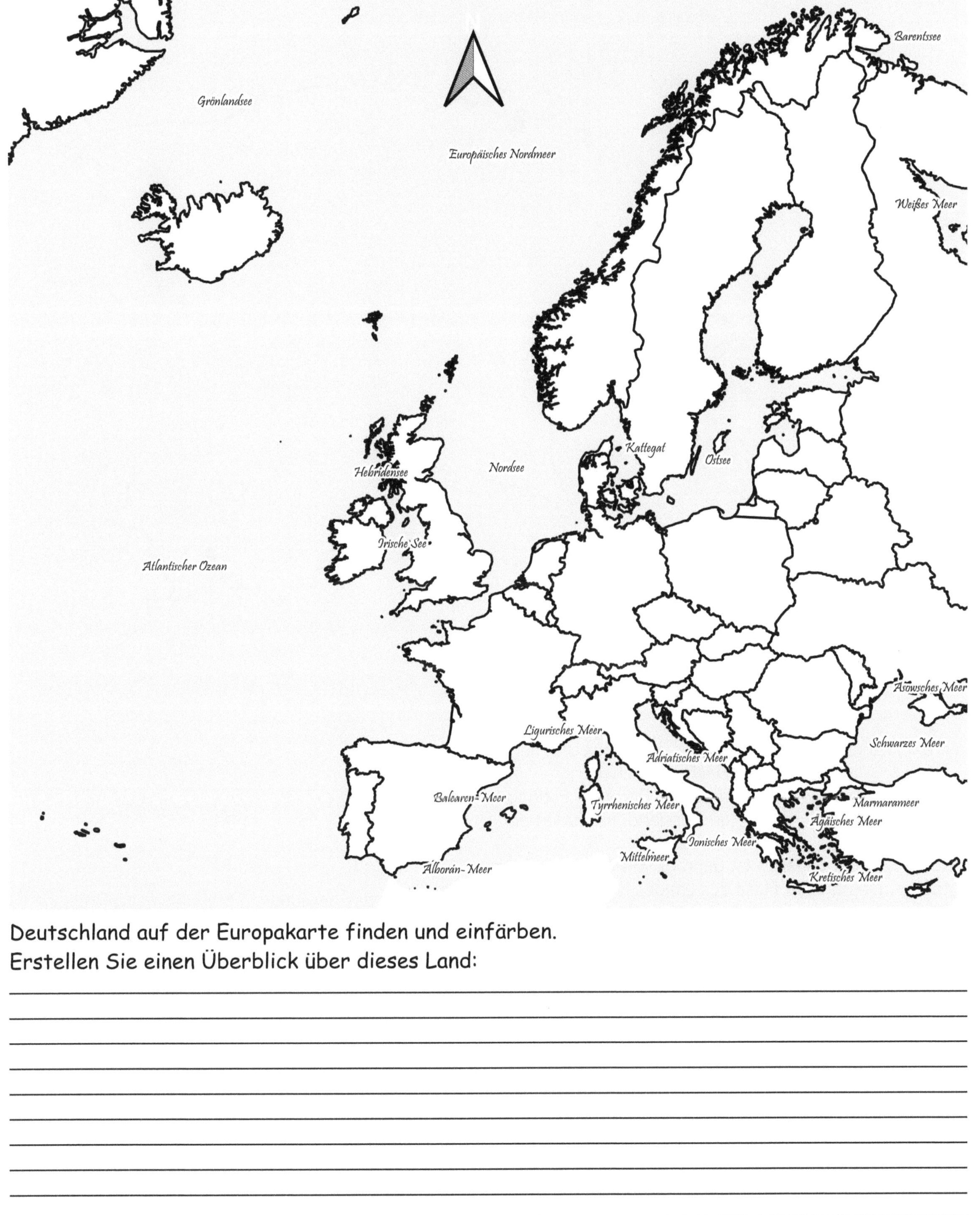

Deutschland auf der Europakarte finden und einfärben.
Erstellen Sie einen Überblick über dieses Land:

____
____
____
____
____
____
____
____
____
____
____
____
____
____
____

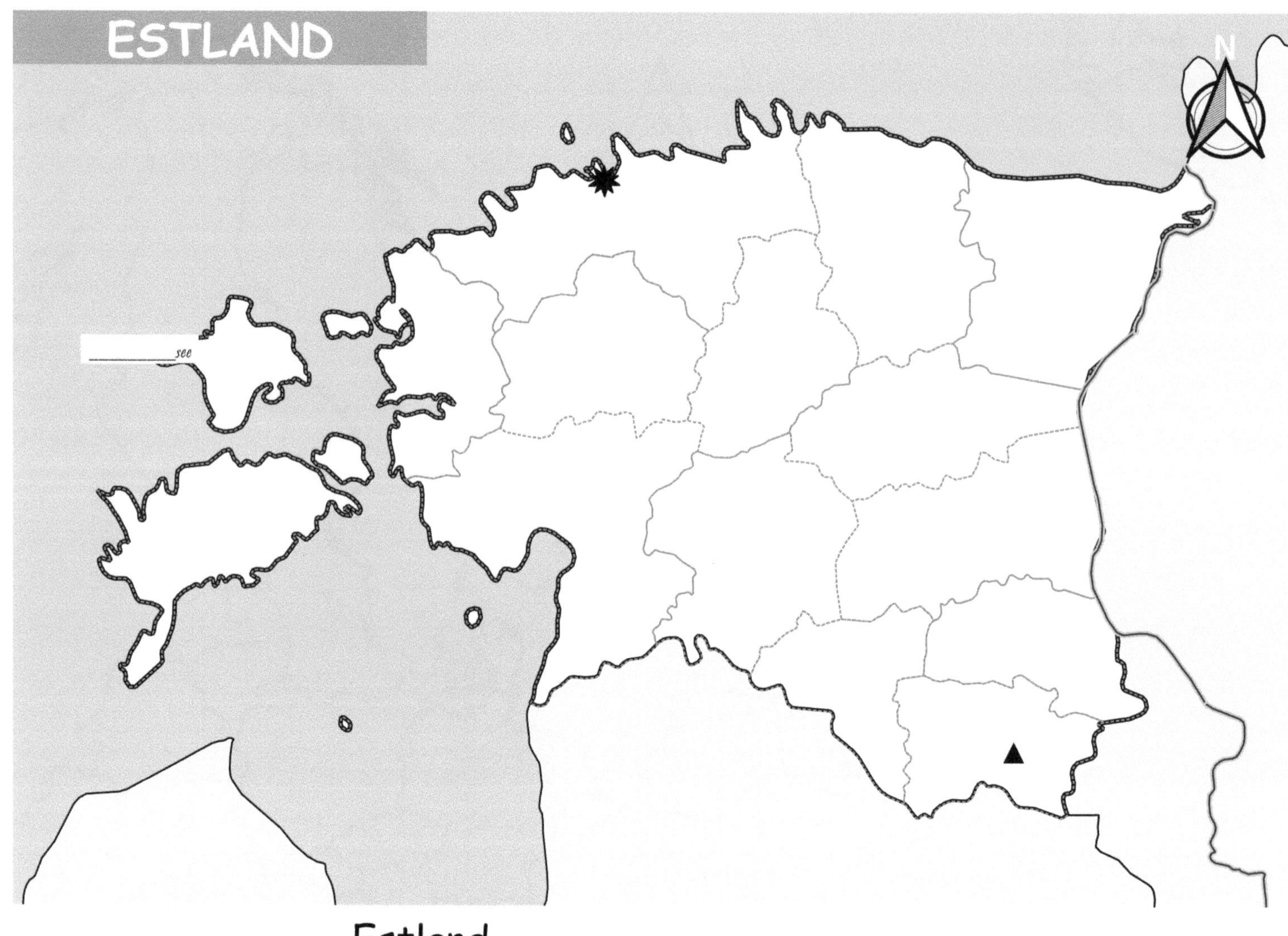

Estland

ist ein kleines Land im ____________ Europas und liegt an der
____________. Es hat eine Fläche von etwa ____________ km² und
ist damit eines der kleinsten Länder Europas. Estland grenzt im
Norden und ____________ an Russland, im Süden an ____________
und im ____________ an die Ostsee.
Die Landschaft Estlands ist geprägt von Wäldern, Flüssen, Seen und
Mooren. Der längste Fluss des Landes ist die ____________ mit
einer Länge von ______ km, der auch der einzige Fluss ist, der durch
Estland fließt. Estland hat keine Berge, aber es gibt einige
Erhebungen, wie den ________________ mit einer Höhe von
______ Metern, der höchste Punkt des Landes.
Die Vegetation Estlands ist hauptsächlich von ______________
geprägt. Etwa die Hälfte des Landes ist von Wald bedeckt, wobei
vor allem Kiefern und __________ vorherrschen. Es gibt auch viele
Moore und Feuchtgebiete, in denen eine besondere Flora und
Fauna zu finden ist.
In Estland leben viele Tierarten, darunter ____________,
Braunbären, ________________, Elche und __________. Auch viele
Vogelarten sind in Estland zu finden, darunter Adler, ________,
Kraniche und __________. Die Ostsee rund um Estland ist bekannt
für ihre Fischbestände, darunter ______________, Lachs und
________.
Zusammenfassend lässt sich sagen, dass Estland ein kleines Land
mit einer reichen Natur ist, die von Wäldern, Flüssen und Seen
geprägt ist. Obwohl es keine hohen Berge gibt, bieten die
Landschaft und die Tierwelt viele Möglichkeiten für Aktivitäten im
Freien und Naturschutz.

Offizielle Sprache:____________

Fläche in km² : ______________

Einwohnerzahl: ______________

Währung: __________________

Hauptstadt: ________________

Höchster Berg:______________

____ Längster Fluss: __________

Finnland auf der Europakarte finden und einfärben.
Erstellen Sie einen Überblick über dieses Land:

____
____
____
____
____
____
____
____
____
____
____
____
____
____
____
____

FRANKREICH

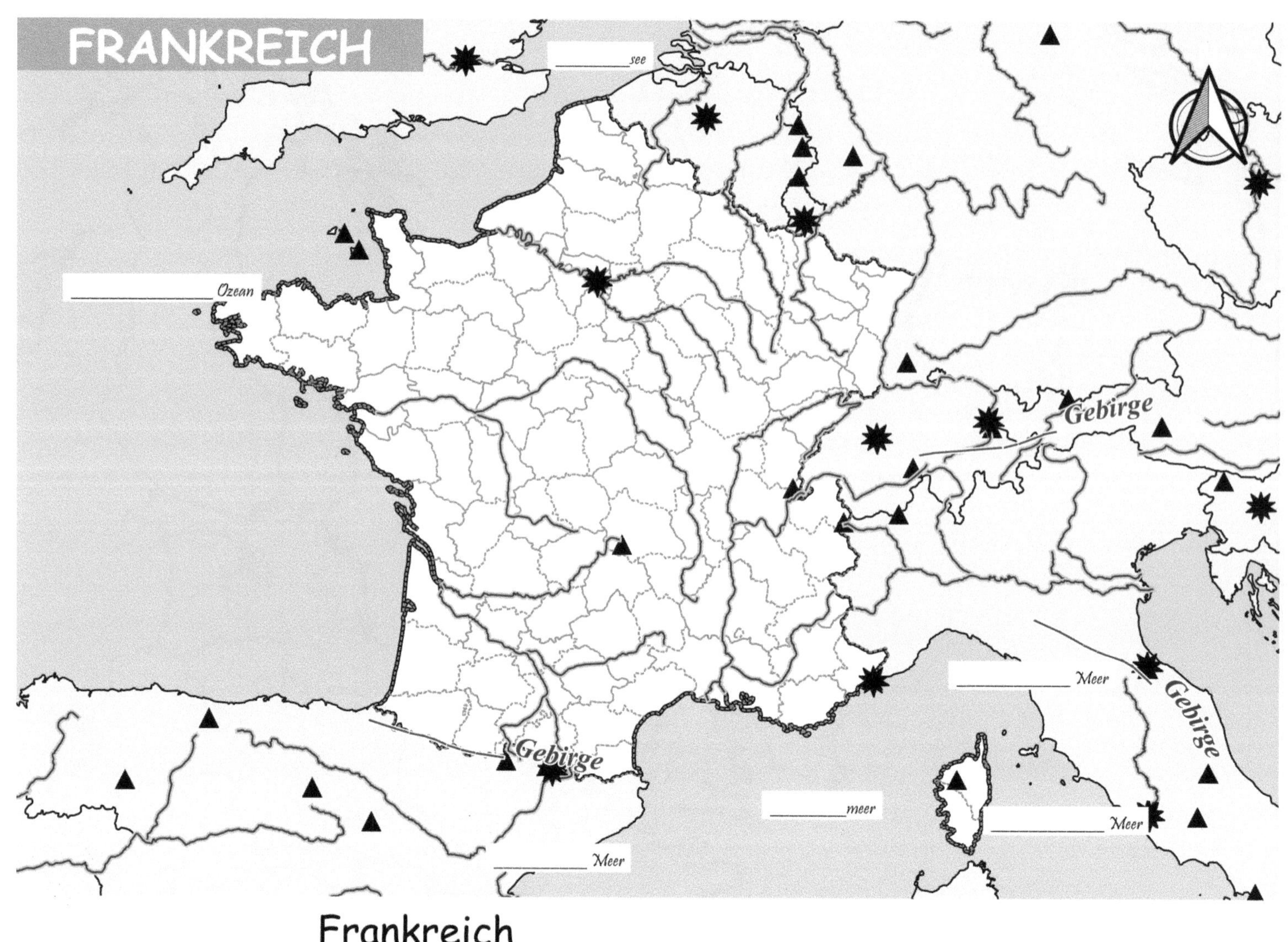

Frankreich

ist ein ________________ Land, das von ____________ im
Südwesten, Andorra im _________, ___________ im Südosten,
Belgien, ____________ und ____________ im Osten, der
____________ im Osten und Italien im ___________ begrenzt
wird. Es hat eine Fläche von etwa ____________ km² und ist damit
das größte Land in der Europäischen Union.

Die Landschaft Frankreichs ist vielfältig und reicht von der rauen
Küste im ___________ bis hin zu den hohen Gipfeln der
___________ im Osten. Der längste Fluss Frankreichs ist die
___________ mit einer Länge von ________ km, die von den
Zentralmassiv und den Vogesen bis zur ________küste fließt.
Frankreich hat auch einige beeindruckende Berge, darunter der
______ _______, der mit ______ Metern der höchste Gipfel in den
Alpen und in ___________ ist.

Die Vegetation Frankreichs ist von Wäldern, _____________ und
Feldern geprägt. Die Wälder sind vor allem von Eichen, _________
und _________ geprägt, während die Weinberge in den Regionen
Burgund, Bordeaux und ____________ besonders bekannt sind.
Die Flora Frankreichs ist auch bekannt für seine vielen Arten von
Wildblumen und _____________.

In Frankreich leben viele Tierarten, darunter ____________,
Wildschweine, _________ und _________. Auch viele Vogelarten
sind in Frankreich zu finden, darunter Adler, ___________ und
Störche. Die Küsten des Landes bieten eine Vielzahl von Fischen,
darunter Thunfisch, ____________ und ____________.

🌐 Offizielle Sprache: ___________________

🗺 Fläche in km² : ___________________

👥 Einwohnerzahl: ___________________

🚚 Währung: ___________________

✴ Hauptstadt: ___________________

▲ Höchster Berg: ___________________

— Längster Fluss: ___________________

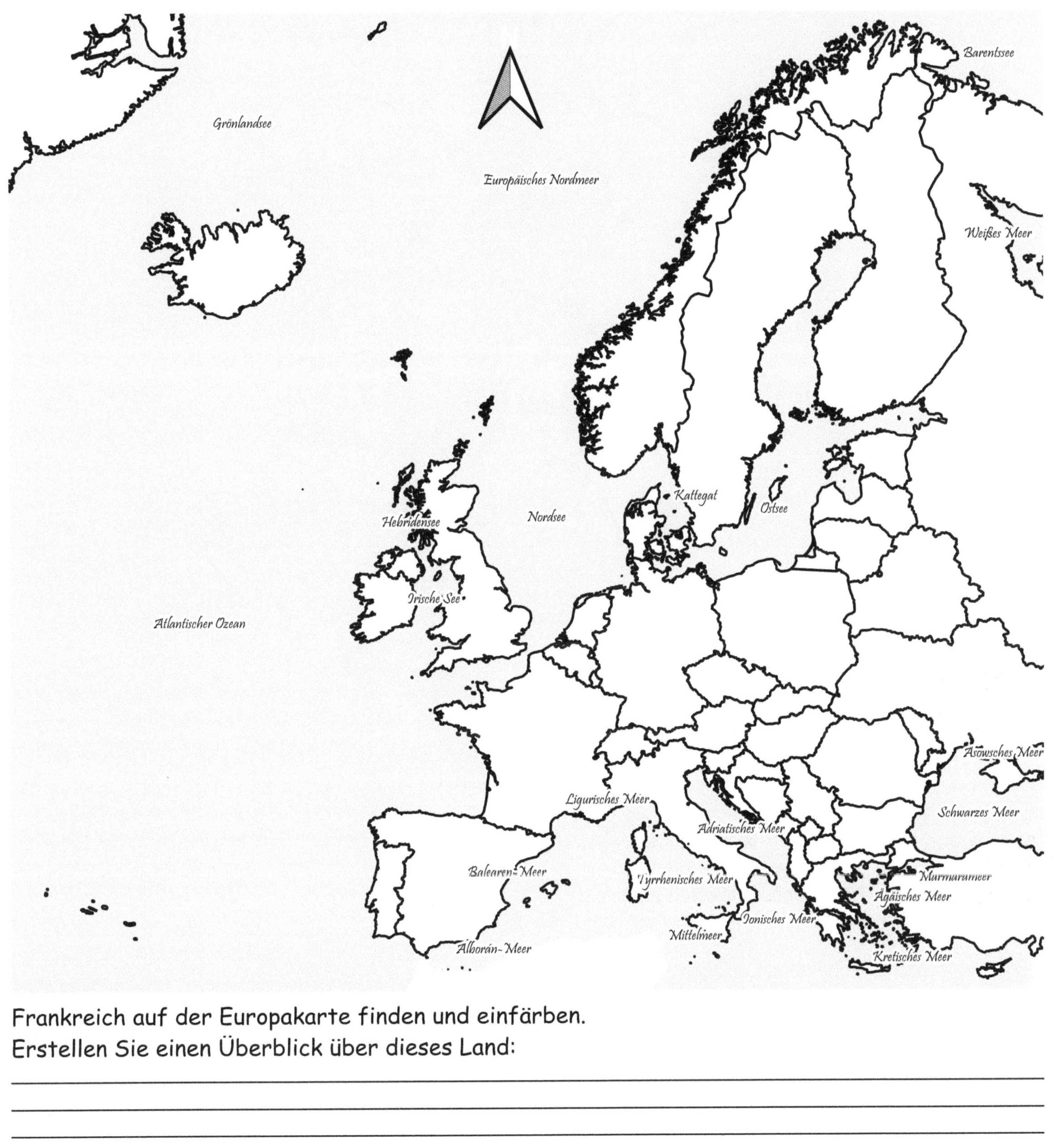

Frankreich auf der Europakarte finden und einfärben.
Erstellen Sie einen Überblick über dieses Land:

____
____
____
____
____
____
____
____
____
____
____
____
____
____
____
____

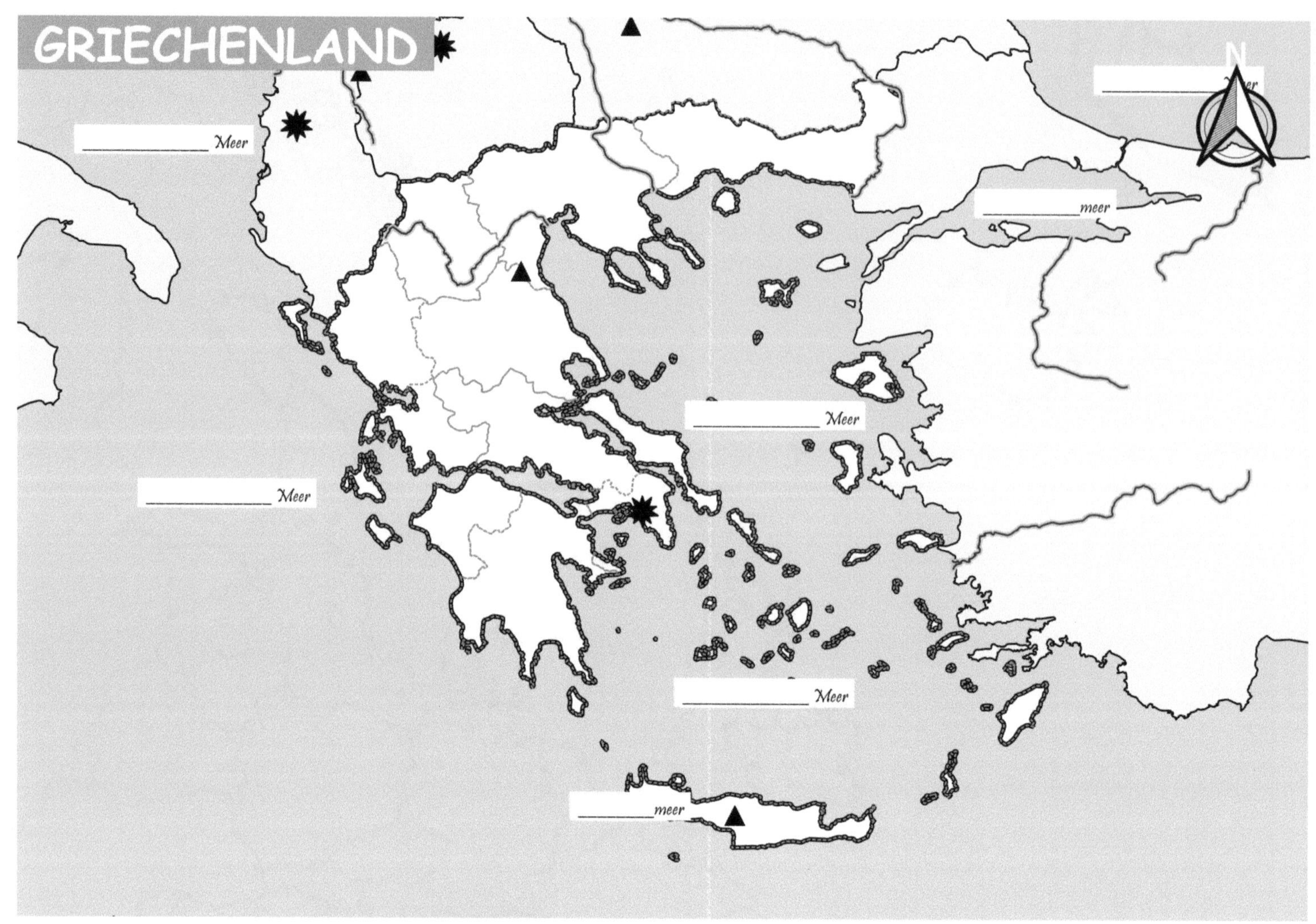

Griechenland

ist ein südosteuropäisches Land und besteht aus einem Festland und zahlreichen ____________ im Mittelmeer. Es grenzt im Norden an ____________, Nordmazedonien und ____________, im ________ an die Türkei und im Westen an das ____________ Meer und das Mittelmeer. Griechenland hat eine Fläche von etwa ____________ km².

Die Landschaft Griechenlands ist geprägt von Bergen, ____________ und Inseln. Der höchste Berg des Landes ist der ____________ mit einer Höhe von ____________ Metern, der auch als Heimat der antiken griechischen Götter gilt. Der ____________ ist mit ____ Km. Der längste Fluss Griechenland. Die meisten Flüsse im Land sind ____________ Flüsse, die nur im Frühjahr und Herbst Wasser führen. Es gibt auch einige Seen in Griechenland, wie den ____________-See im Norden des Landes.

Die Vegetation in Griechenland ist vielfältig und hängt von der Region ab. Im Norden gibt es viele Wälder, während im Süden das Klima trockener ist und es mehr ____________ Vegetation gibt, wie Olivenbäume und ____________. In den Bergen wachsen auch viele Pflanzenarten, darunter zahlreiche ____________ und Heilkräuter.

In Griechenland leben viele Tierarten, darunter Wölfe, ____________, Luchse, ____________ und viele Vogelarten. Die Küsten und Gewässer Griechenlands sind auch bekannt für ihre vielfältige Meeresfauna, wie Schildkröten, ____________ und verschiedene Fischarten.

Offizielle Sprache: ____________________

Fläche in km² : ____________________

Einwohnerzahl: ____________________

Währung: ____________________

Hauptstadt: ____________________

Höchster Berg: ____________________

Längster Fluss: ____________________

Griechenland auf der Europakarte finden und einfärben.
Erstellen Sie einen Überblick über dieses Land:

____
____
____
____
____
____
____
____
____
____
____
____
____
____
____
____
____
____

IRLAND

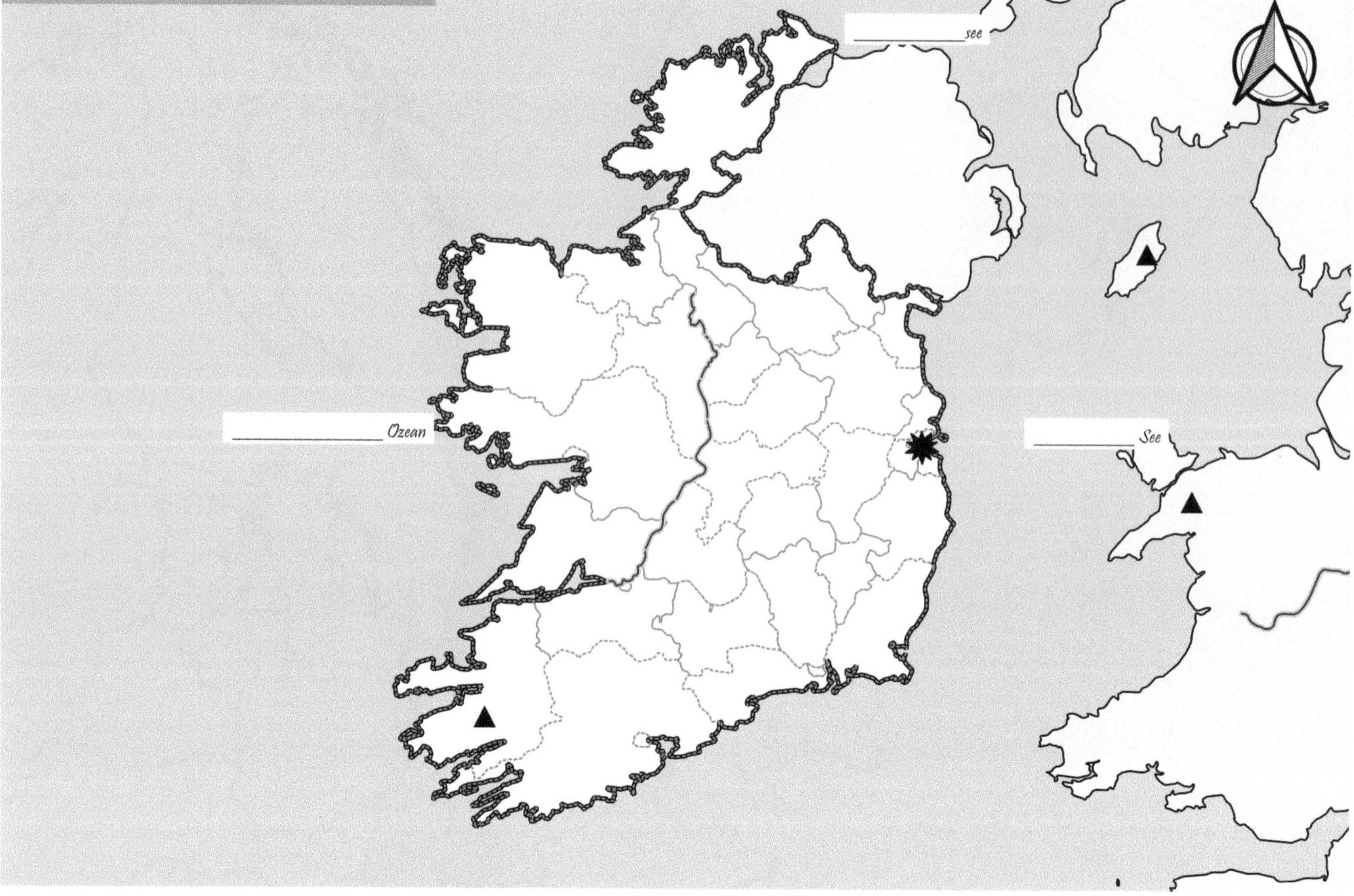

Irland

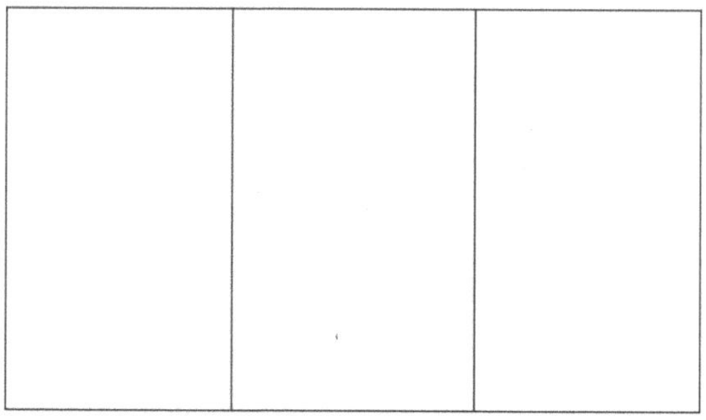

ist eine ___________ im Nordatlantik und besteht aus zwei politischen Einheiten: der Republik Irland im Süden und _______________, das zum Vereinigten Königreich gehört. Die Insel hat eine Fläche von etwa ____________ km² und ist von zahlreichen kleineren Inseln umgeben.
Die Landschaft Irlands ist geprägt von sanften Hügeln, Flüssen, ____________ und einer malerischen Küste. Der höchste Berg Irlands ist der _______________ mit einer Höhe von ______ Metern und befindet sich im County Kerry im Südwesten der Insel. Der längste Fluss Irlands ist der _________ River, der sich von Norden nach _______ durch das Land schlängelt und in den ____________ mündet. Es gibt auch viele Seen in Irland, darunter der ______ _______, der größte See im Vereinigten Königreich. Die Vegetation in Irland ist geprägt von saftigen grünen Wiesen und Wäldern, die reich an verschiedenen Baumarten wie __________, Buche, ________ und Kiefer sind. Auch Heide, __________ und Farne sind häufig zu finden. Die Küstenregionen sind bekannt für ihre Klippen, ____________ und Buchten sowie ihre wilden Blumenwiesen.
In Irland leben viele Tierarten, darunter ____________, Füchse, ____________, Otter und verschiedene Vogelarten wie der ____________, der ___________ und der Haubentaucher. Die Küstengewässer sind auch ein wichtiger Lebensraum für viele Meereslebewesen, wie Wale, ___________ und verschiedene Fischarten.

Offizielle Sprache: _______________

Fläche in km²: _______________

Einwohnerzahl: _______________

Währung: _______________

Hauptstadt: _______________

Höchster Berg: _______________

Längster Fluss: _______________

Irland auf der Europakarte finden und einfärben.
Erstellen Sie einen Überblick über dieses Land:

____
____
____
____
____
____
____
____
____
____
____
____
____
____
____
____

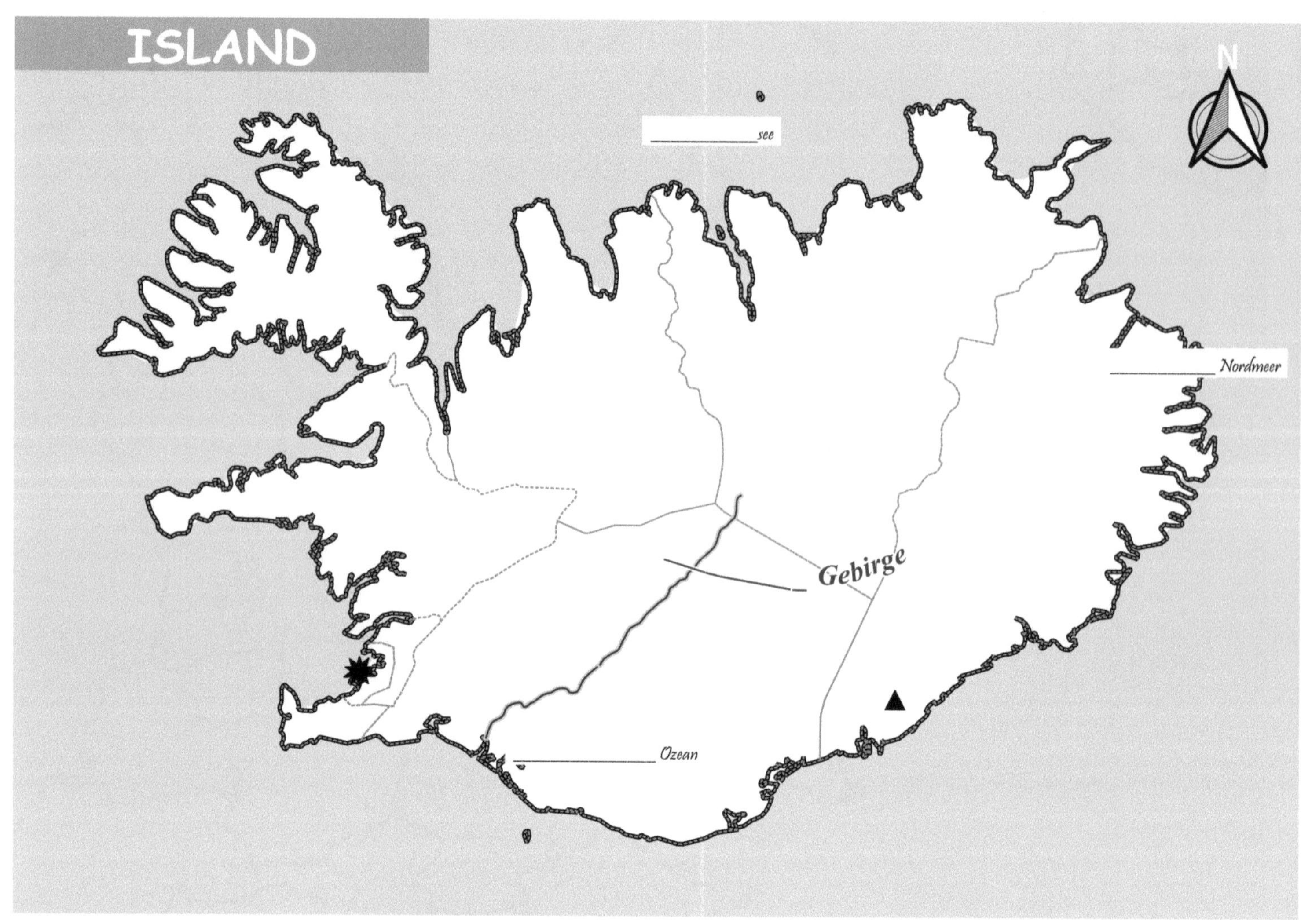

Island

ist eine nordische Inselnation im _____atlantik und liegt zwischen Grönland und __________. Die Insel hat eine Fläche von etwa _________ km² und ist bekannt für ihre atemberaubende Landschaft, geothermalen Aktivitäten und ihre einzigartige Tier- und Pflanzenwelt.

Island hat keine Landgrenzen zu anderen __________ und ist daher von Wasser umgeben. Die Küstenlinie ist sehr lang und hat viele Buchten und __________. Die Hauptstadt __________ liegt im Südwesten der Insel und ist die größte Stadt des Landes.

Island hat viele Flüsse, darunter der längste Fluss _________ und der mächtige Gletscherfluss Jökulsá á Fjöllum. Es gibt auch viele Seen, von denen der größte der _____________ ist. Die Insel ist auch bekannt für ihre zahlreichen Wasserfälle wie den Gullfoss und den ____________.

Die Landschaft Islands ist durch seine Vulkane, __________, __________ und Fjorde geprägt. Der höchste Berg Islands ist der ___________ mit einer Höhe von ________ Metern und befindet sich im Gletschermassiv des Vatnajökull. Die Insel ist auch bekannt für ihre aktiven __________ und geothermalen Gebiete wie den Geysir und den ______________.

Die Vegetation Islands ist aufgrund der rauen klimatischen Bedingungen begrenzt und besteht hauptsächlich aus Moosen, __________, Gräsern und __________. Es gibt jedoch auch einige Wälder, hauptsächlich im _________ der Insel.

Island hat eine vielfältige Tierwelt, die aufgrund der isolierten Lage und der geringen menschlichen Bevölkerung relativ unberührt geblieben ist. Es gibt viele Vogelarten, einschließlich Papageientaucher, ________ und ___________. Andere Tierarten sind Rentiere, __________ und __________.

Offizielle Sprache:_______________

Fläche in km² : _______________

Einwohnerzahl: _______________

Währung: ___________________

Hauptstadt: _________________

Höchster Berg:________________

Längster Fluss: _______________

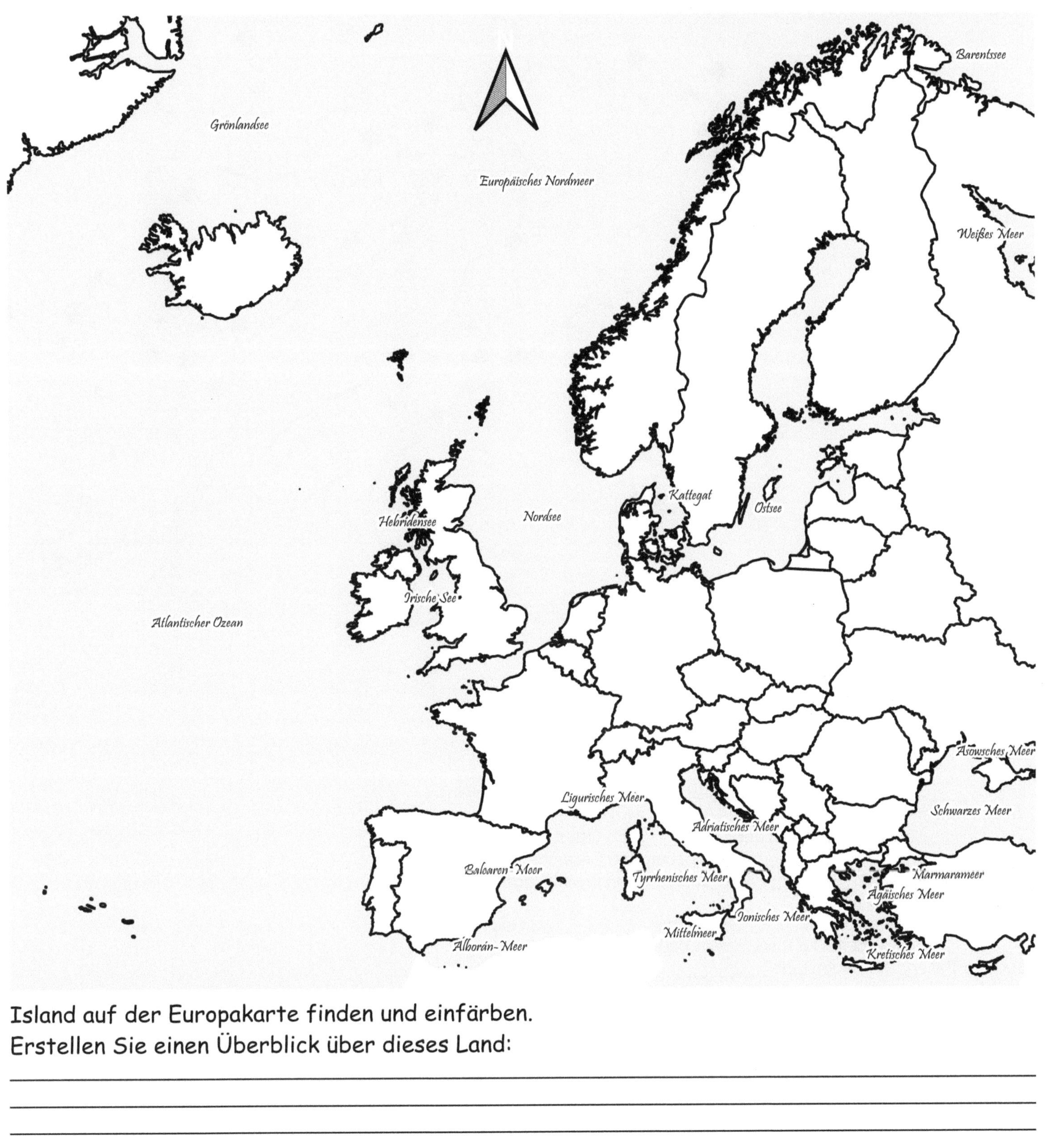

Island auf der Europakarte finden und einfärben.
Erstellen Sie einen Überblick über dieses Land:

____
____
____
____
____
____
____
____
____
____
____
____
____
____
____
____

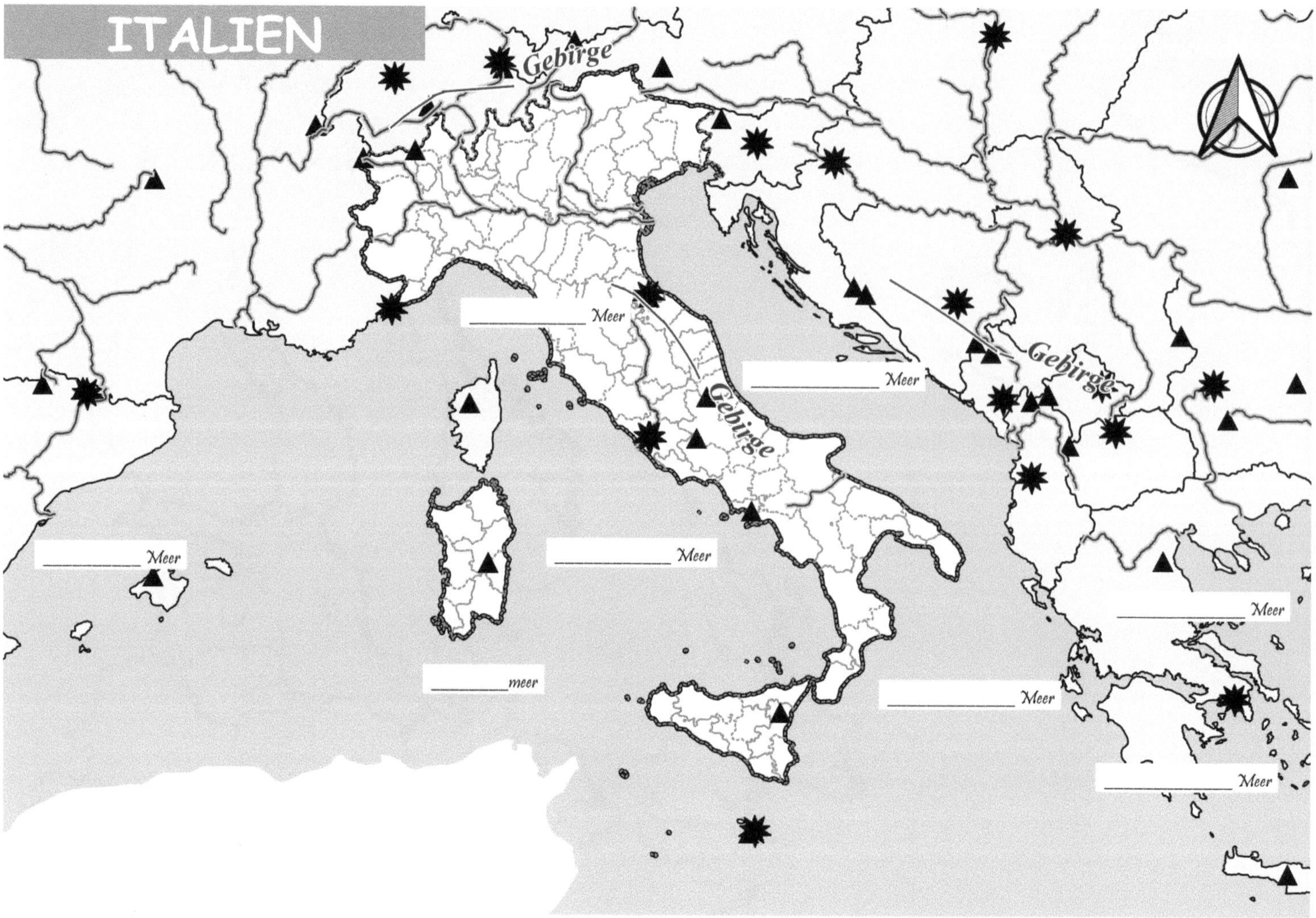

Italien

ist ein ___________________ Land, das sich auf der italienischen Halbinsel im Mittelmeerraum befindet. Die ____________ wird von den Alpen im ____________ begrenzt und von der ___________ im Osten und dem Tyrrhenischen Meer im ____________ umgeben. Die Gesamtfläche des Landes beträgt etwa ___________ km² und es hat eine vielfältige geografische Landschaft.
Italien hat Landgrenzen mit ____________, der ____________, Österreich und ____________ im Norden. Die Insel Sizilien und einige kleinere Inseln gehören auch zu Italien. Die Hauptstadt ____________ liegt im Zentrum des Landes.

Italien hat viele Flüsse, darunter der längste Fluss der ______, der durch die Poebene im Norden fließt. Andere wichtige Flüsse sind der ________, der durch Florenz fließt, und der Tiber, der durch ________ fließt. Italien hat auch viele Seen, darunter den ____________, den größten See des Landes.

Italien hat viele Berge, von denen die meisten sich im Norden des Landes befinden. Die höchste Bergspitze ist der ________ _________ oder Mont Blanc, der mit ___________ Metern Höhe sowohl in Italien als auch in Frankreich liegt. Andere wichtige Bergen sind der Gran ____________, das Matterhorn und der __________ Rosa.

Die Vegetation Italiens variiert je nach geografischer Lage. Im Norden gibt es viele Wälder und ________ Graslandschaften. Im Süden gibt es viele ___________ Pflanzen, darunter Olivenbäume, ____________ und ______________. Die Tierwelt Italiens umfasst viele Arten wie Bären, ______________, ______________ und Wildschweine. Es gibt auch viele Vogelarten wie ___________, Falken und ____________.
Italien hat eine reiche Geschichte, Kultur und Kunst. Das Land hat viele weltberühmte historische Städte wie Rom, ______________, ______________ und ______________, die jedes Jahr Millionen von Touristen anziehen. Italien ist auch bekannt für seine köstliche Küche, Weine, Mode und Kunsthandwerk.

Offizielle Sprache:_________________

Fläche in km² : _________________

Einwohnerzahl: _________________

Währung: _________________

Hauptstadt: _________________

Höchster Berg:_________________

Längster Fluss: _________________

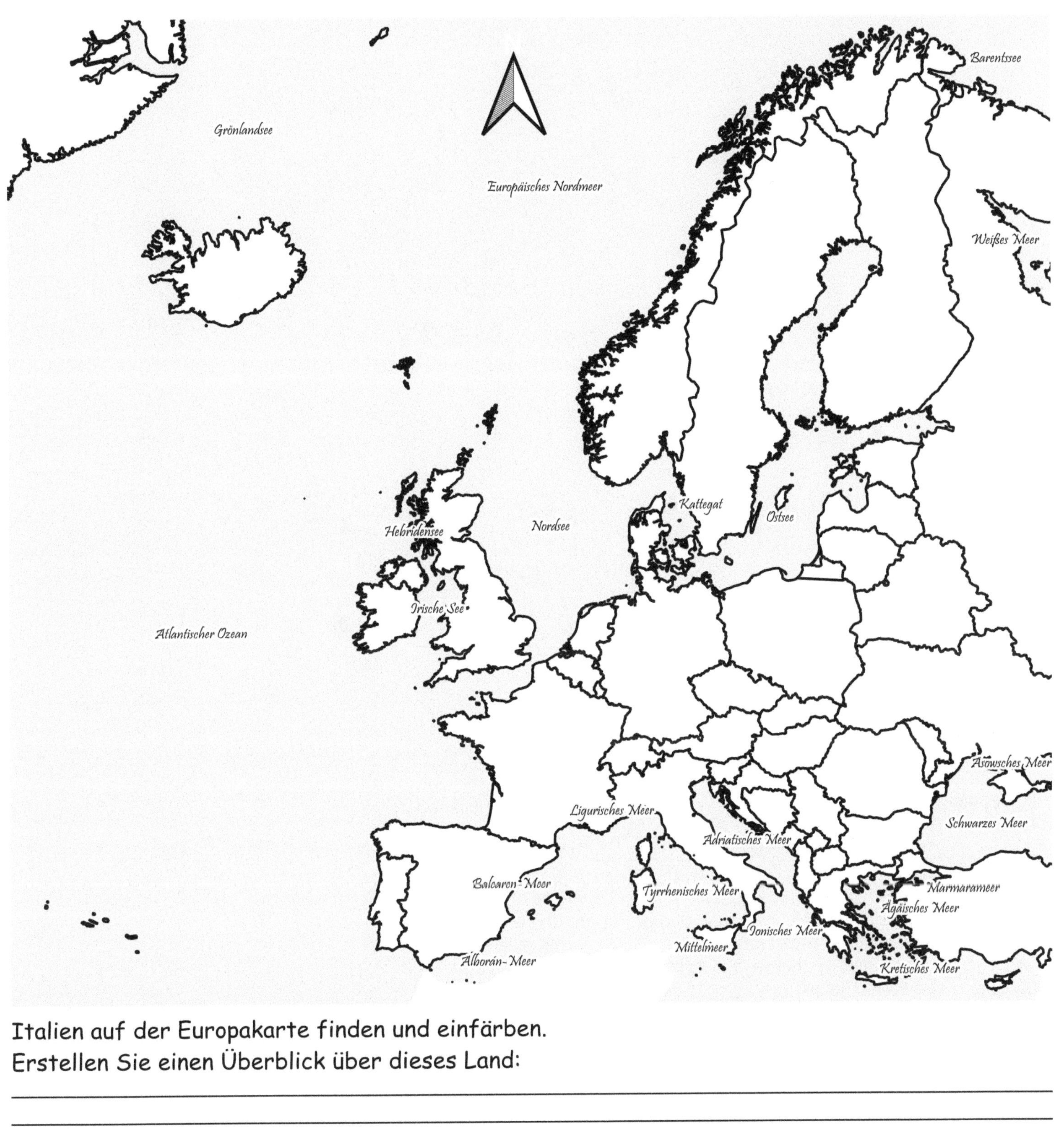

Italien auf der Europakarte finden und einfärben.
Erstellen Sie einen Überblick über dieses Land:

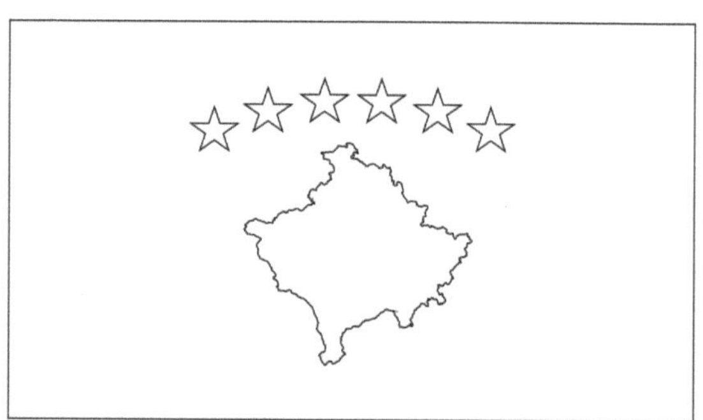

Gebirge

Gebirge

______________ Meer

Kosovo

ist ein Binnenstaat in ______________ und liegt auf der ________halbinsel.
Es grenzt im Norden und ________ an ___________, im Süden an
________________ und im Westen an ___________ und Montenegro.
Die Gesamtfläche des Landes beträgt etwa ____________ km².

Kosovo hat keine direkten Meerzugänge und ist von Bergen umgeben. Die höchste Erhebung ist der Gipfel des ________________ mit einer Höhe von ___________ Metern über dem Meeresspiegel. Es gibt auch andere Berge wie den Prokletije im ___________, den Šar im Südwesten und den ____________ im Norden. Die meisten Flüsse in Kosovo sind Zuflüsse des _________-Flusses, der auch der längste Fluss des Landes ist.

Das Land hat mehrere Seen, darunter den ___________-Stausee und den Badovac-See. Die Vegetation in Kosovo ist typisch für die ________________ und umfasst Laubwälder, ____________ und alpine Vegetation. Es gibt auch einige Feuchtgebiete und Flussauen in den Tiefebenen. Die Tierwelt Kosovos ist ähnlich wie in anderen Balkanländern, mit Arten wie ____________, Bären, ____________, Füchsen und ____________.

Kosovo hat eine lange und komplexe Geschichte, die auf verschiedene kulturelle Einflüsse zurückzuführen ist. Die Bevölkerung ist multiethnisch, mit Albanern als größte ethnische Gruppe und einer serbischen Minderheit. Die Hauptstadt von Kosovo ist ____________.

Das Land hat in den letzten Jahren Fortschritte bei der Entwicklung seiner Infrastruktur gemacht und es gibt jetzt moderne Autobahnen und öffentliche Verkehrsmittel. Die Wirtschaft von Kosovo ist noch in Entwicklung und der Tourismussektor ist noch relativ klein. Die meisten Besucher kommen wegen der reichen Kultur und Geschichte des Landes.

Offizielle Sprache: ________________

Fläche in km² : ________________

Einwohnerzahl: ________________

Währung: ________________

Hauptstadt: ________________

Höchster Berg: ________________

Längster Fluss: ________________

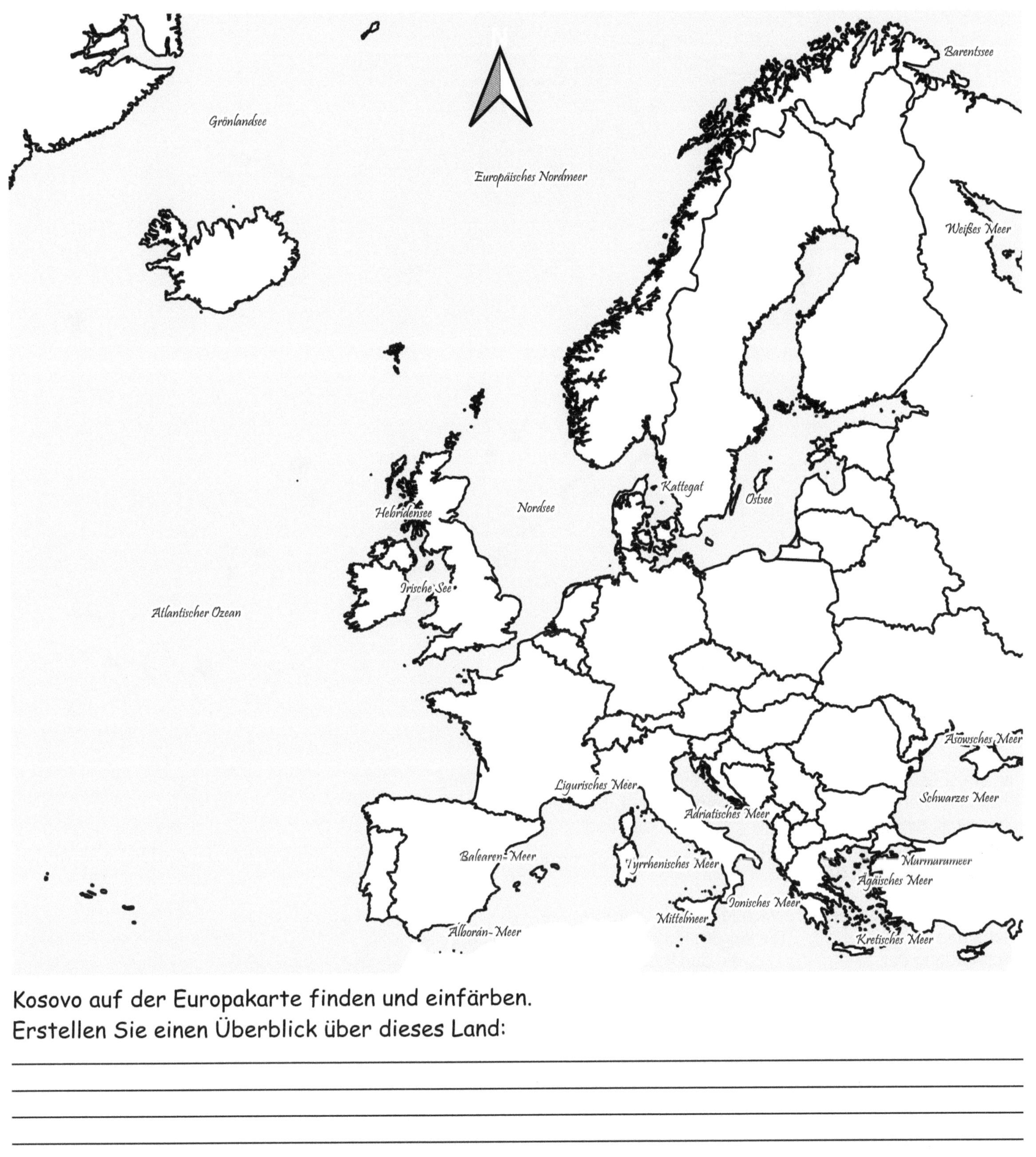

Kosovo auf der Europakarte finden und einfärben.
Erstellen Sie einen Überblick über dieses Land:

____
____
____
____
____
____
____
____
____
____
____
____
____
____
____
____
____
____

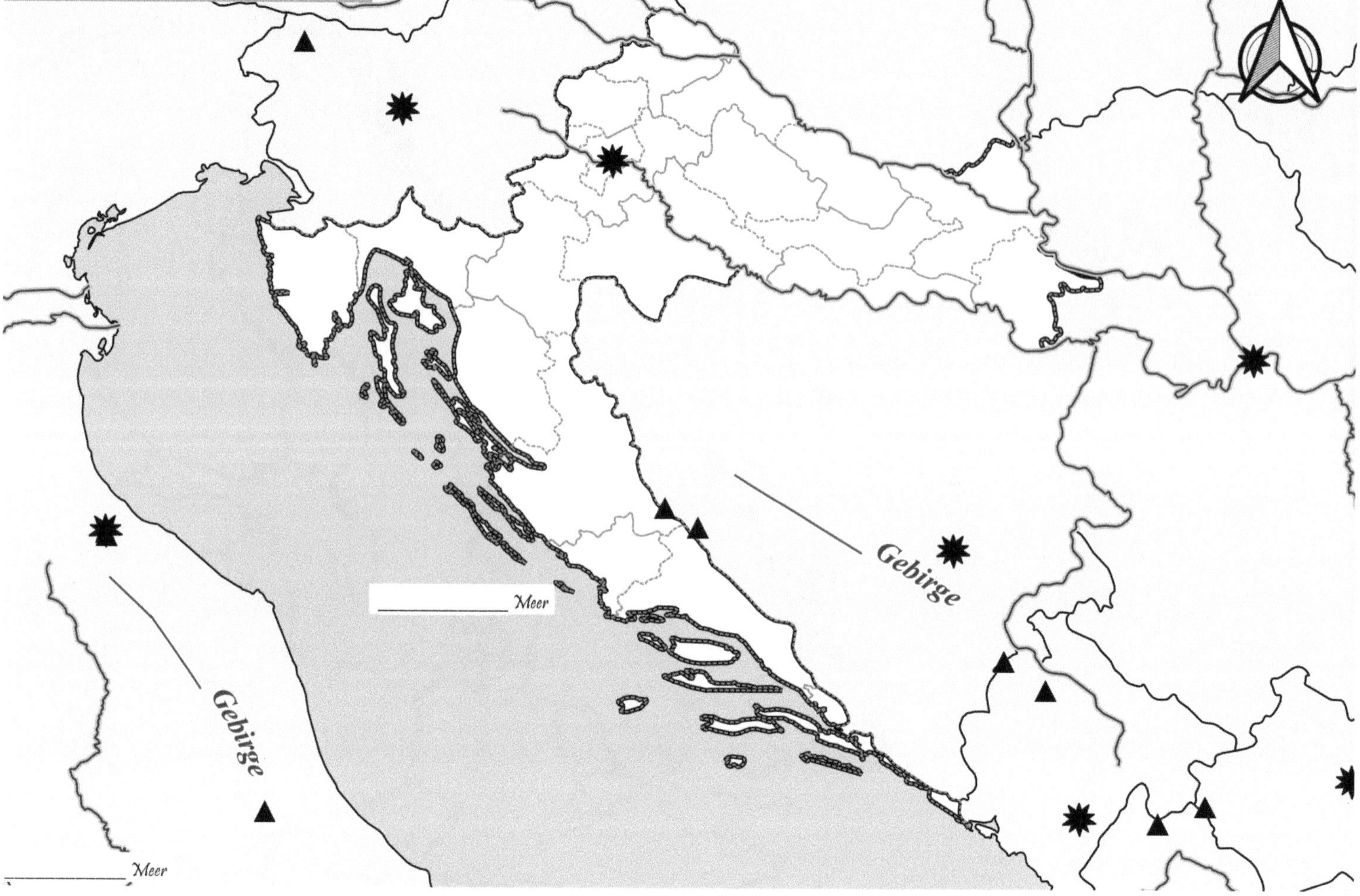

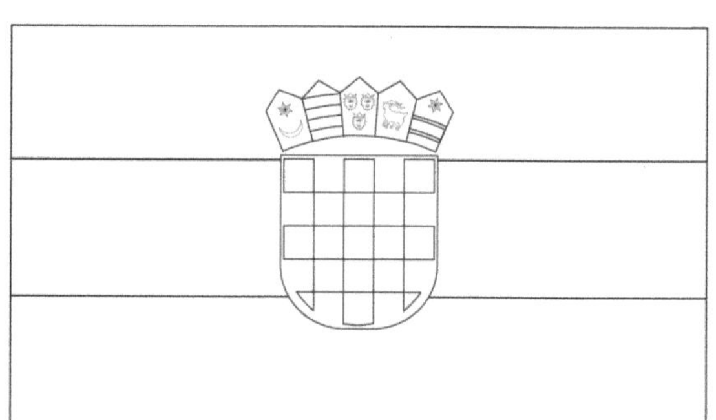

Kroatien

ist ein südeuropäisches Land, das an der ____________ liegt und eine Fläche von etwa ______ Quadratkilometern hat. Das Land hat eine lange Küste mit zahlreichen ____________, Stränden und ____________. Es hat Landgrenzen zu Slowenien, ____________, ____________, Bosnien und Herzegowina sowie zu ____________.

In Kroatien gibt es mehrere wichtige Flüsse, darunter die __________, die Sava und die __________. Die längste Flussstrecke in Kroatien befindet sich entlang der ____________, die durch das östliche Grenzgebiet fließt und insgesamt ____________ Kilometer lang ist.

Es gibt auch viele Seen in Kroatien, darunter der ____________ See, der als eines der schönsten Naturwunder Europas gilt. Der See ist Teil des Plitvicer Nationalparks und besteht aus ____ miteinander verbundenen Seen, die von Wasserfällen und Flüssen gespeist werden.

Die Landschaft in Kroatien ist geprägt von den ____________ Alpen, die sich entlang der Küste erstrecken. Der höchste Berg in Kroatien ist der __________, der 1.831 Meter hoch ist. Andere bedeutende Berge in Kroatien sind der Velebit, der ____________ und der Učka.

Kroatien hat eine abwechslungsreiche Vegetation, die von der Küste bis zu den Bergen reicht. Es gibt mediterrane Pflanzen wie __________- und Zypressenbäume entlang der Küste, während in den Bergen Laubbäume wie Buche und __________ sowie Nadelbäume wie Tanne und __________ wachsen.

Die Tierwelt in Kroatien ist ebenso vielfältig und umfasst Wölfe, ____________, Wildkatzen, ____________ und ____________________. Es gibt auch viele Vogelarten, darunter verschiedene Arten von Greifvögeln und Singvögeln.

Offizielle Sprache:____________________

Fläche in km² : ____________________

Einwohnerzahl: ____________________

Währung: ____________________

Hauptstadt: ____________________

Höchster Berg:____________________

Längster Fluss: ____________________

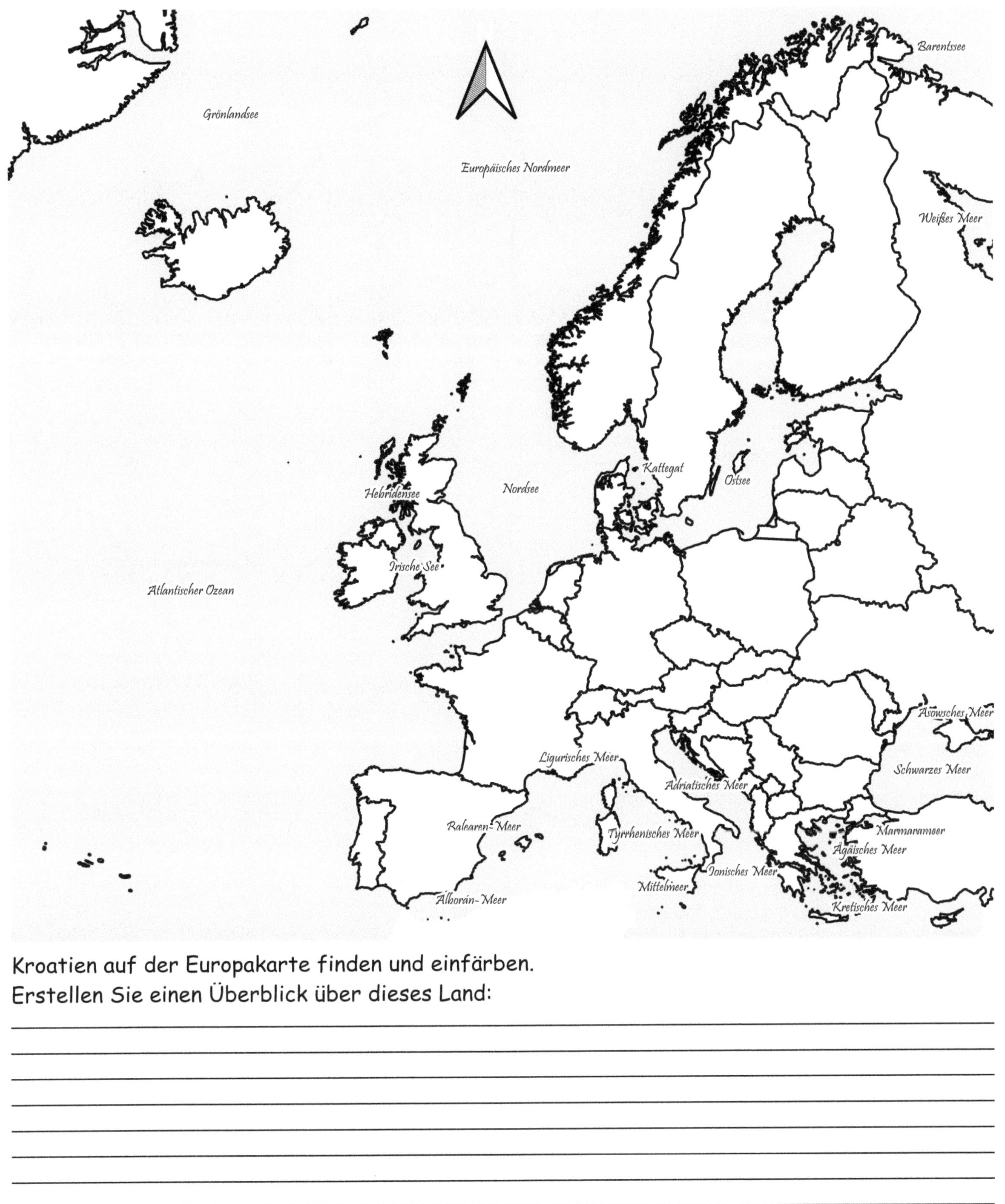

Kroatien auf der Europakarte finden und einfärben.
Erstellen Sie einen Überblick über dieses Land:

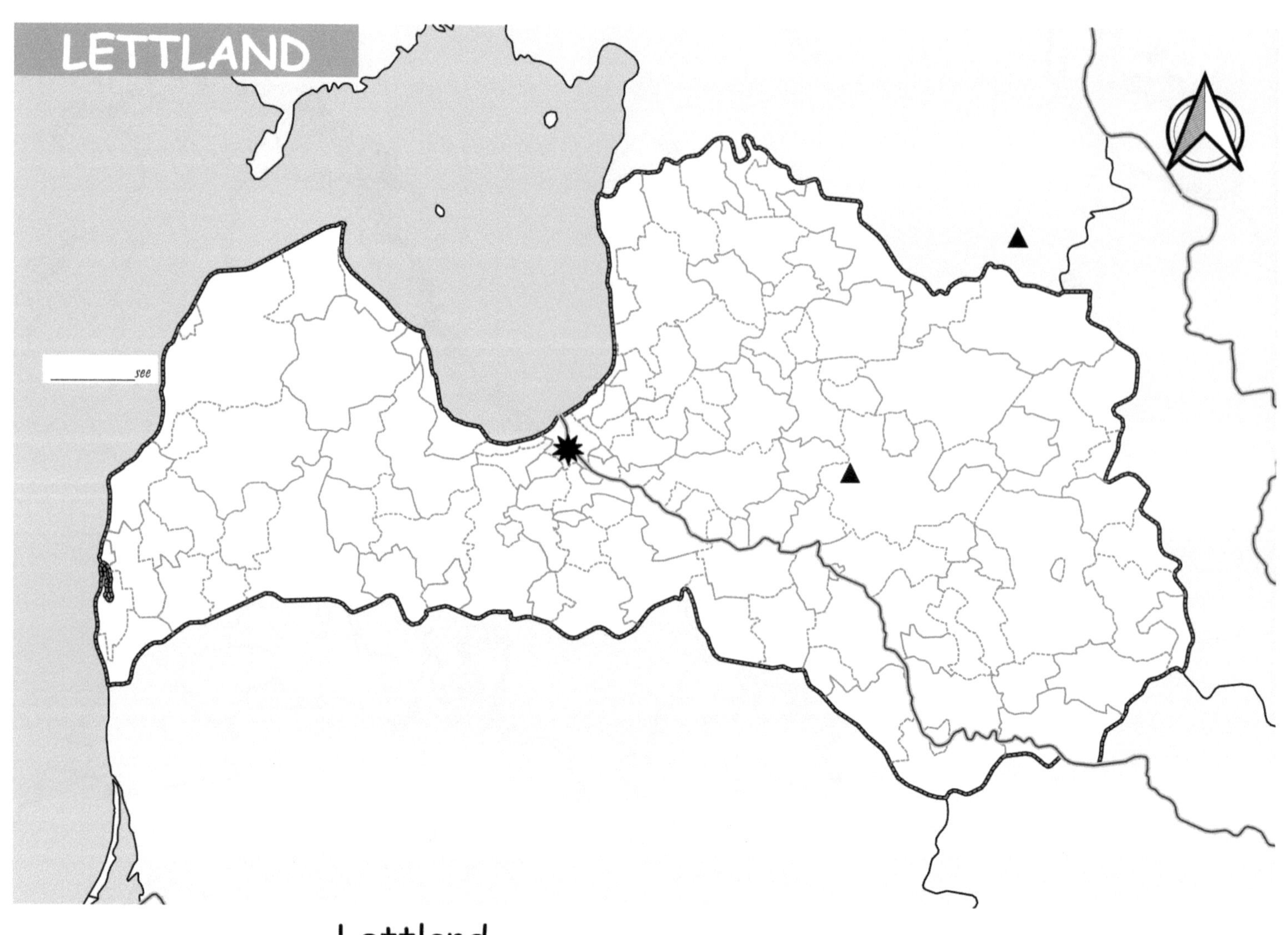

Lettland

ist ein baltisches Land im ____________ Europas und hat eine Fläche
von etwa __________ Quadratkilometern. Es grenzt an __________ im
Norden, ____________ im Osten, Weißrussland im ____________ und
______________ im Süden. Die ______________ bildet die natürliche
Grenze im Westen.

In Lettland gibt es mehrere wichtige Flüsse, darunter die
______________ (Düna), die durch das Zentrum des Landes fließt und
eine Länge von 1.020 Kilometern hat. Andere wichtige Flüsse sind die
______________ und die Lielupe.

Es gibt auch viele Seen in Lettland, darunter der ______________, der
größte See in Europa, der sich sowohl auf der estnischen als auch auf
der ____________ Seite der Grenze erstreckt. Andere wichtige Seen
sind der ____________ und der Burtnieks.

Die Landschaft in Lettland ist überwiegend flach, mit einigen Hügeln
und niedrigen Bergen im Osten des Landes. Die höchste Bergspitze ist
der ______________, der _____ Meter hoch ist. Andere bedeutende
Berge sind der ______________ und der Dzilnukalns.

Die Vegetation in Lettland ist geprägt von __________- und
Nadelwäldern, Wiesen und ______________. Die Wälder sind von
__________, Birken und __________ dominiert. Es gibt auch viele
Wildblumen und Kräuter, die in Lettland wachsen.

Die Tierwelt in Lettland umfasst Wölfe, __________, Elche, __________
und Wildschweine. Es gibt auch viele Vogelarten, darunter Raubvögel
wie ________ und Bussarde, sowie Singvögel wie Finken und ________.

🌐 Offizielle Sprache: ____________________

❄ Fläche in km² : ____________________

👥 Einwohnerzahl: ____________________

🚌 Währung: ____________________

✴ Hauptstadt: ____________________

▲ Höchster Berg: ____________________

— Längster Fluss: ____________________

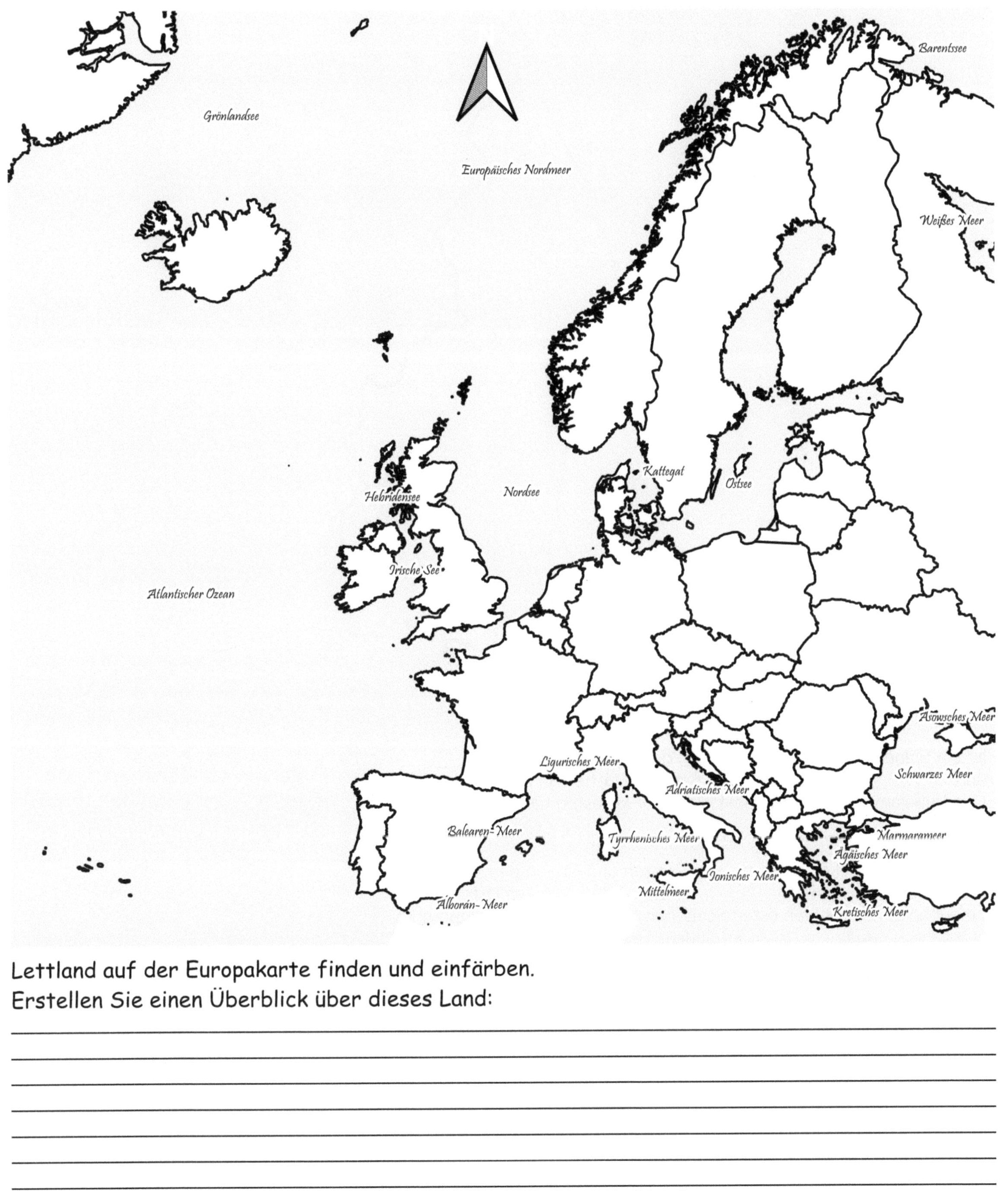

Lettland auf der Europakarte finden und einfärben.
Erstellen Sie einen Überblick über dieses Land:

Liechtenstein

ist ein Binnenstaat in _____________, der zwischen der ____________
und ___________ liegt. Das Land hat eine Fläche von nur ______
Quadratkilometern und ist damit eines der kleinsten Länder der
________.

Liechtenstein hat keine natürlichen Grenzen und ist von den Schweizer
Kantonen St. Gallen im _________ und ____________ im Osten
umgeben sowie von den österreichischen Bundesländern Vorarlberg im
__________ und _________ im Süden.

Obwohl Liechtenstein kein Meer hat, gibt es im Land zahlreiche Flüsse
und Bäche. _________ ist der längste Fluss in Liechtenstein, der durch
das ___________ Grenzgebiet fließt und eine Länge von etwa _____ km
hat. Es gibt jedoch auch andere Flüsse und Bäche in Liechtenstein wie
den __________, der auf österreichischem Gebiet entspringt und durch
Liechtenstein fließt.

Es gibt in Liechtenstein keine Seen, aber das Land ist von Bergen und
Hügeln umgeben. Die höchste Bergspitze ist der ____________, der
________ Meter hoch ist. Andere bedeutende Berge sind der
Augstenberg, der ____________ und der ____________.

Die Vegetation in Liechtenstein ist von den __________ geprägt und
umfasst Wälder, Wiesen und __________. Es gibt viele Nadelbäume
wie Fichte und _________ sowie Laubbäume wie Buche und _________.

Die Tierwelt in Liechtenstein ist vielfältig und umfasst ________,
Wildschweine, _________, Füchse und _________. Es gibt auch viele
Vogelarten, darunter Adler, _________, _________ und ___________.

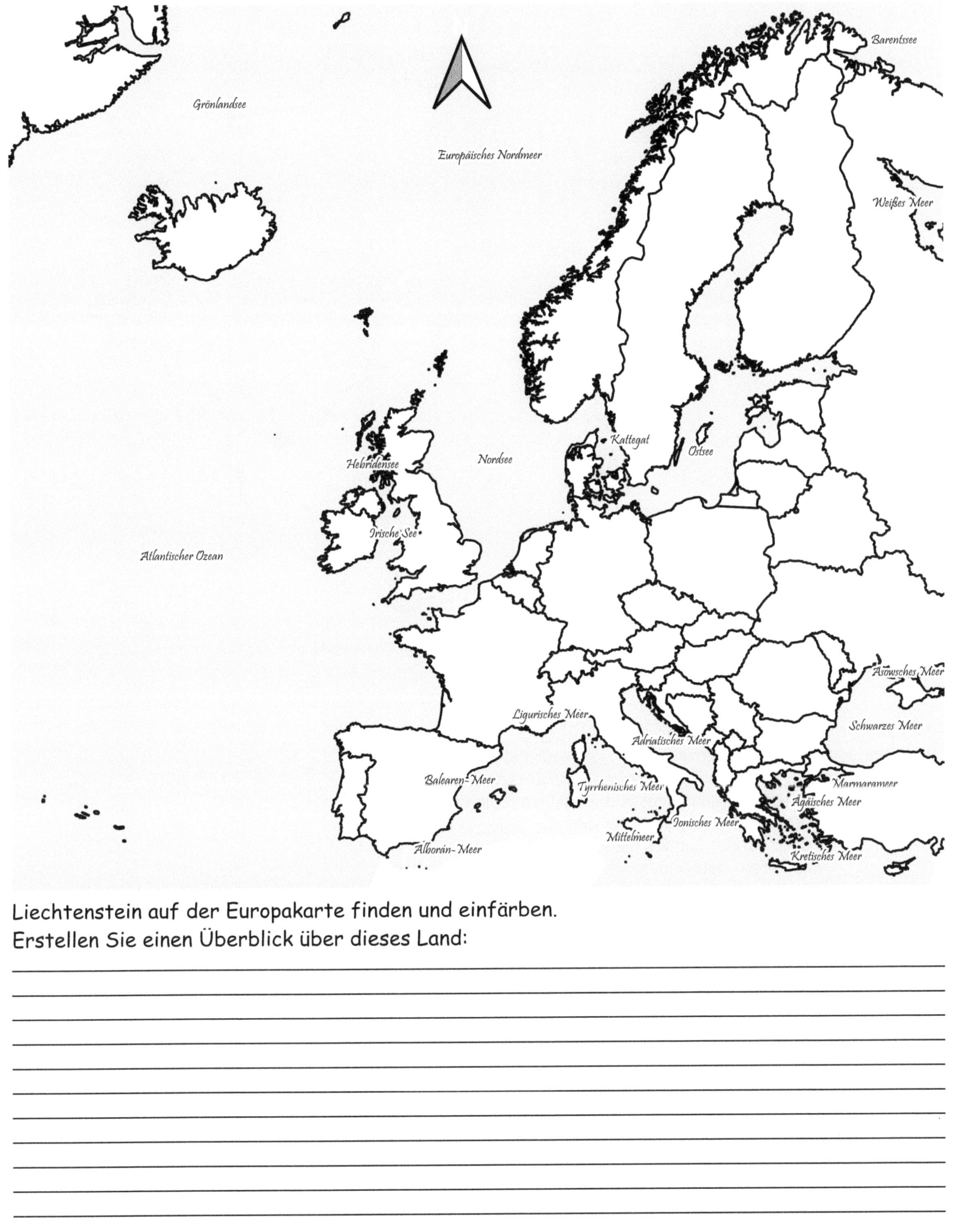

Liechtenstein auf der Europakarte finden und einfärben.
Erstellen Sie einen Überblick über dieses Land:

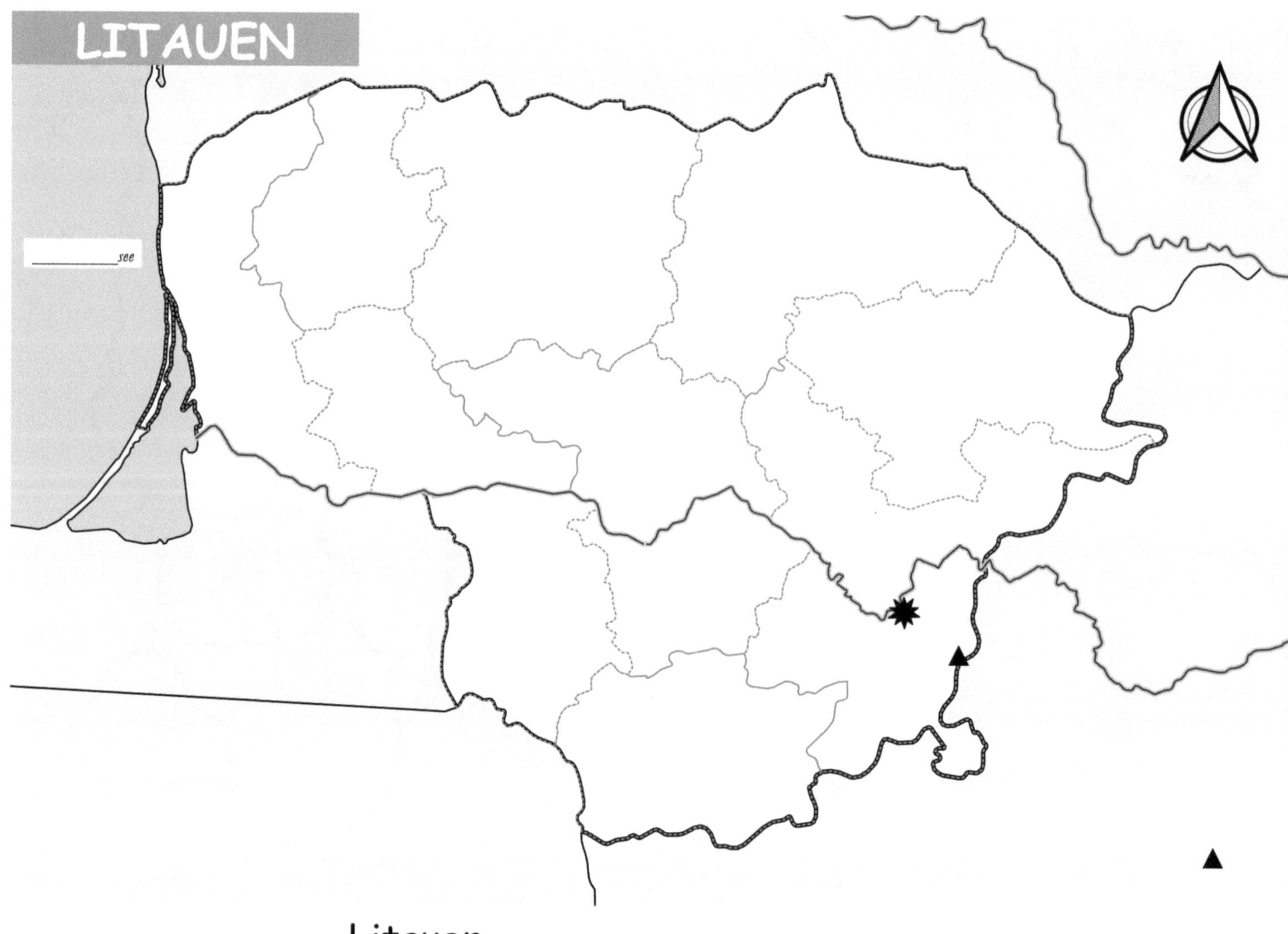

Litauen

ist ein _________________ Land im _________________ Europas. Das
Land hat eine Fläche von etwa _________ Quadratkilometern und
grenzt im Norden an Lettland, im Osten an Belarus, im Südosten an
Polen und im Südwesten an die russische Exklave Kaliningrad.
In Litauen gibt es viele Flüsse, darunter die ___________________,
die durch das Zentrum des Landes fließt und eine Länge von
___________ Kilometern hat. Andere wichtige Flüsse sind die Neris,
die Šventoji und die ____________.
Es gibt auch viele Seen in Litauen, darunter der
_______________-See, der größte See des Landes, der im Nordosten
des Landes liegt. Andere wichtige Seen sind der ____________-See,
der Žuvintas-See und der _______________-See.
Die Landschaft in Litauen ist überwiegend flach, mit Hügeln und
niedrigen Bergen im Osten des Landes. Die höchste Bergspitze ist
der _________________-Hügel, der _________ Meter hoch ist. Andere
bedeutende Berge sind der _________________ und der Medvėgalis.
Die Vegetation in Litauen ist geprägt von Wäldern, _______________
und _______________. Die Wälder sind von Kiefern, ____________
und ____________ dominiert. Es gibt auch viele Wildblumen und
Kräuter, die in Litauen wachsen.
Die Tierwelt in Litauen umfasst ___________________, Bären,
___________________, ___________________ und Wildschweine.
Es gibt auch viele Vogelarten, darunter Raubvögel wie
_________________ und Bussarde, sowie Singvögel wie Finken und
___________________.

Offizielle Sprache:___________________

Fläche in km² : ___________________

Einwohnerzahl: ___________________

Währung: ___________________

Hauptstadt: ___________________

Höchster Berg:___________________

____ Längster Fluss: ___________________

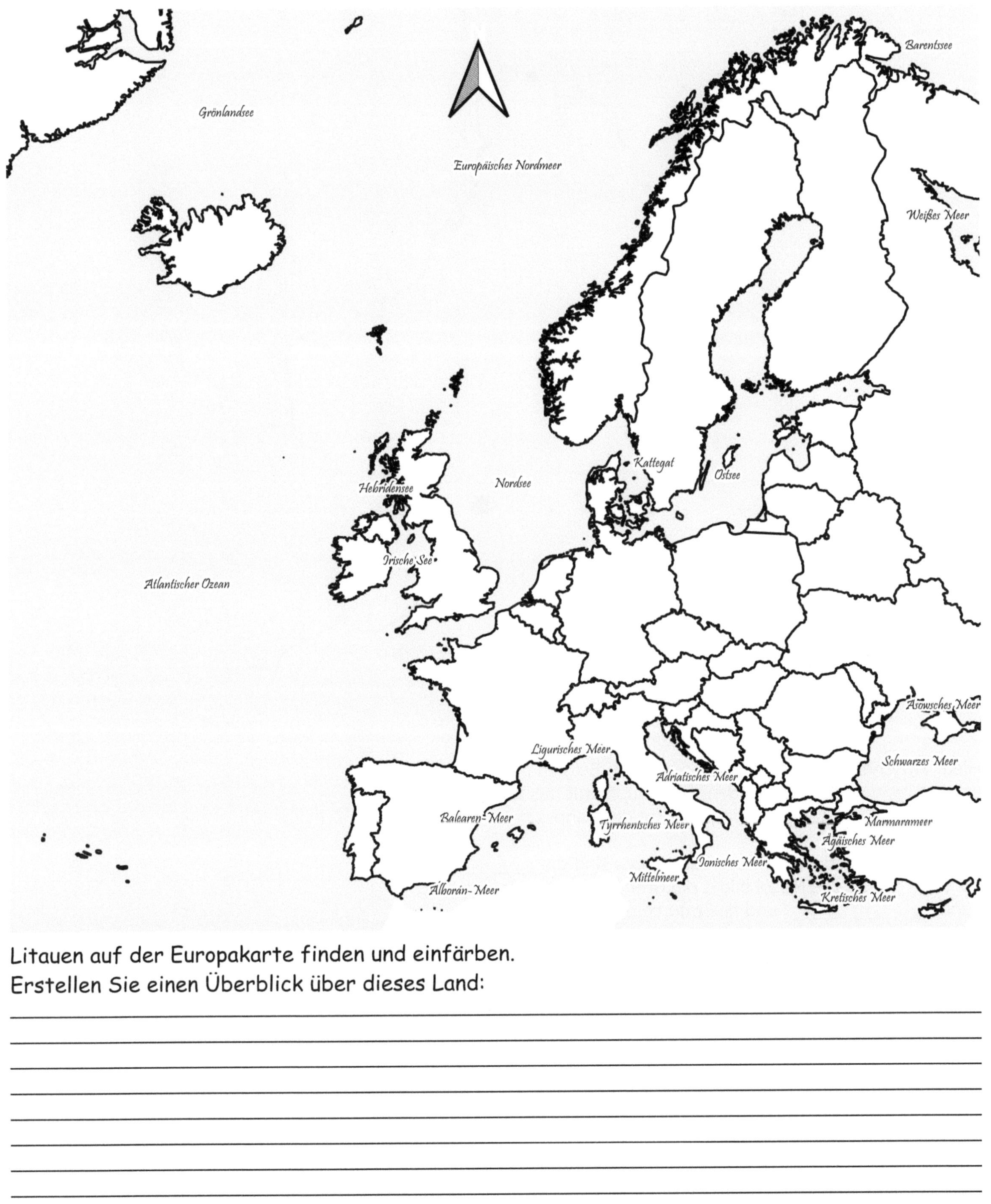

Litauen auf der Europakarte finden und einfärben.
Erstellen Sie einen Überblick über dieses Land:

____
____
____
____
____
____
____
____
____
____
____
____
____
____
____
____
____

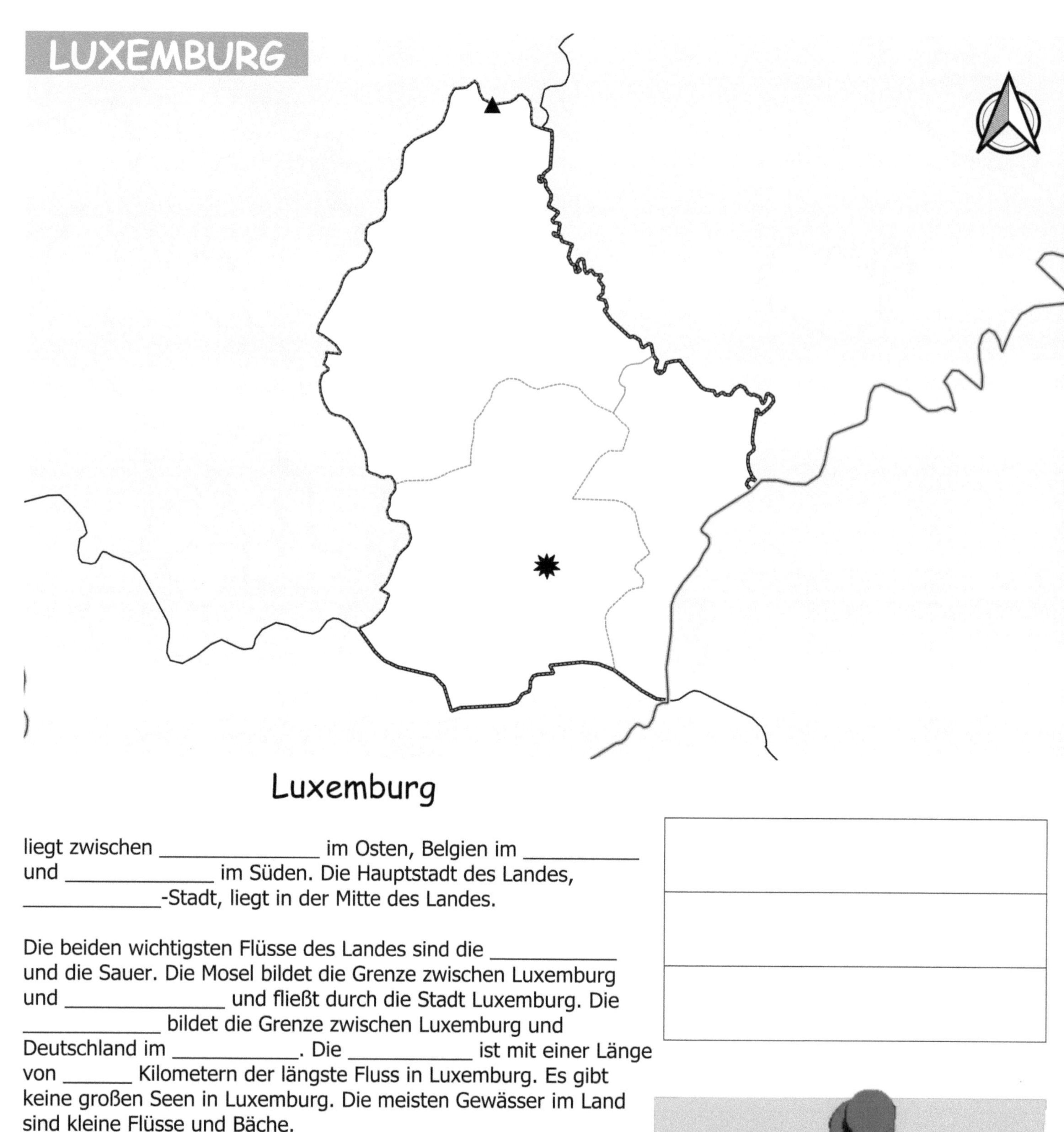

Luxemburg

liegt zwischen _______________ im Osten, Belgien im ____________ und ______________ im Süden. Die Hauptstadt des Landes, _______________-Stadt, liegt in der Mitte des Landes.

Die beiden wichtigsten Flüsse des Landes sind die _____________ und die Sauer. Die Mosel bildet die Grenze zwischen Luxemburg und _______________ und fließt durch die Stadt Luxemburg. Die _____________ bildet die Grenze zwischen Luxemburg und Deutschland im ____________. Die ____________ ist mit einer Länge von _______ Kilometern der längste Fluss in Luxemburg. Es gibt keine großen Seen in Luxemburg. Die meisten Gewässer im Land sind kleine Flüsse und Bäche.

Die höchste Erhebung in Luxemburg ist der _______________ mit einer Höhe von ______ Metern. Es gibt keine hohen Berge im Land, aber es gibt viele __________ und Täler.

Die Vegetation in Luxemburg ist von den Wäldern geprägt, die etwa _____% der Landfläche ausmachen. Die Wälder sind vorwiegend Laub- und ____________, in denen auch Eichen, ____________ und ____________ zu finden sind.

Es gibt viele Tierarten in Luxemburg, darunter Füchse, _______________, Dachse, ____________ und ____________. In den Wäldern leben auch viele Vögel wie Eulen, ____________ und ____________.

Offizielle Sprache:_______________

Fläche in km² : _______________

Einwohnerzahl: _______________

Währung: _______________

Hauptstadt: _______________

Höchster Berg:_______________

Längster Fluss: _______________

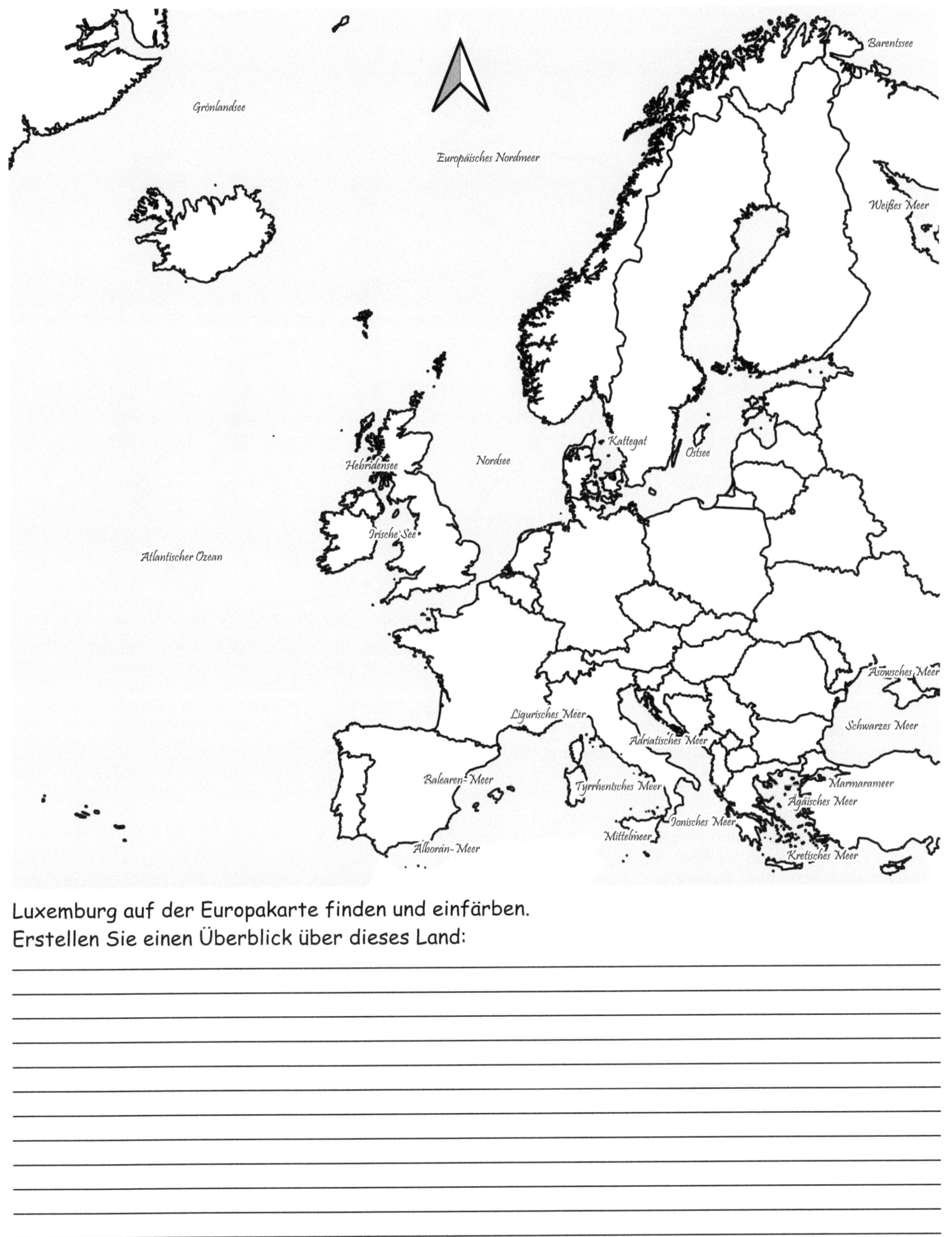

Luxemburg auf der Europakarte finden und einfärben.
Erstellen Sie einen Überblick über dieses Land:

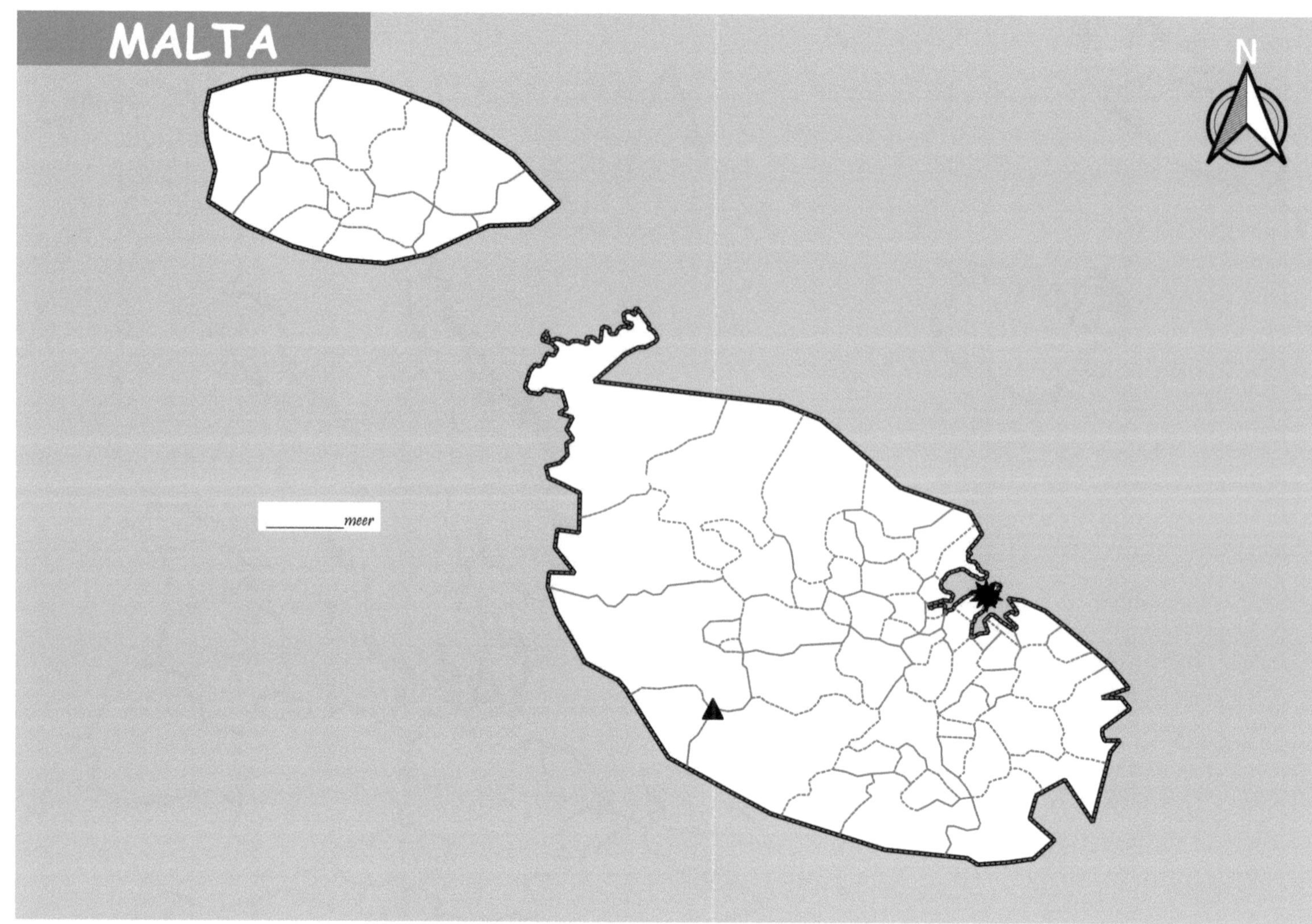

Malta

ist ein _____________ im Mittelmeer, der sich aus drei Hauptinseln
zusammensetzt: Malta, __________ und ___________. Es liegt südlich
von _____________ und östlich von Tunesien und hat eine Fläche von
etwa _______ Quadratkilometern.

Die Landschaft Maltas ist hauptsächlich von flachen Ebenen geprägt,
die von sanften Hügeln und einigen Klippen durchzogen sind. Es gibt
keine Flüsse oder Seen auf Malta, da das Land aufgrund seiner
geologischen Formation und seines ____________ Klimas keinen
ständigen Wasservorrat hat. Stattdessen verfügt es über mehrere
natürlichen ____________ und Häfen, die für die Schifffahrt und den
Tourismus genutzt werden. Es gibt keine nennenswerten Berge auf
Malta, die höchste Erhebung ist der ______________ auf Malta mit einer
Höhe von ______ Metern über dem Meeresspiegel. Das Land hat auch
keine längeren Flüsse, sondern nur temporäre Flüsse, die nur bei
starkem Regen Wasser führen.

In Bezug auf Vegetation gibt es auf Malta nur begrenzte Waldgebiete.
Die Landschaft wird hauptsächlich von ______________, Wiesen und
______________ geprägt, die eine Vielzahl von Pflanzenarten
beherbergen, die an das trockene Klima und die salzige Meeresluft
angepasst sind.

Obwohl Malta keine großen Tiere hat, ist es die Heimat vieler
interessanter Tierarten. Es gibt eine Vielzahl von Vogelarten, darunter
der maltesische ___________, der auf Malta brütet. Darüber hinaus
beherbergt Malta verschiedene Reptilienarten, darunter Schlangen,
______________ und __________. Das Meer rund um Malta ist auch ein
wichtiger Lebensraum für verschiedene Fischarten, darunter
Thunfische, ___________ und ___________.

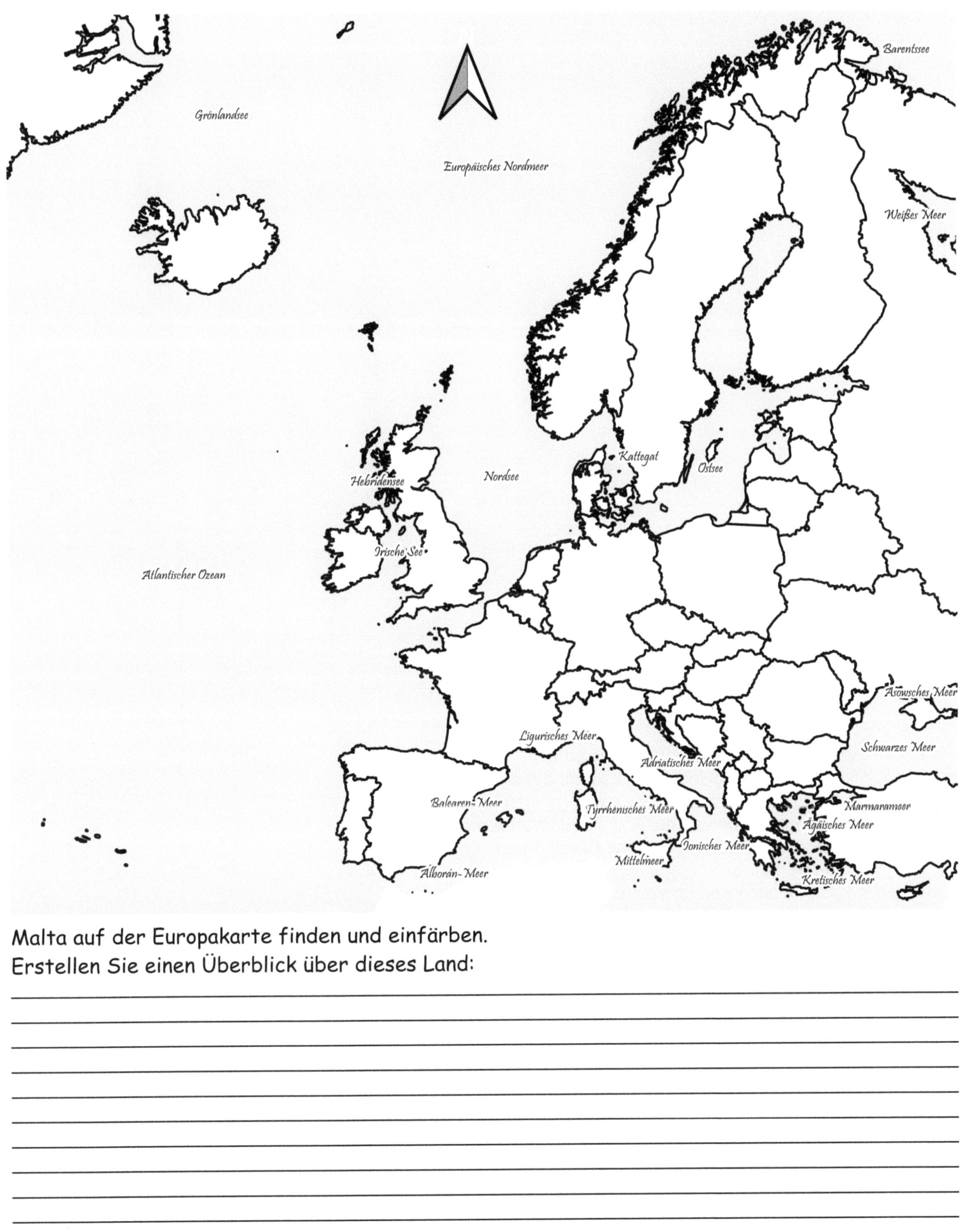

Malta auf der Europakarte finden und einfärben.
Erstellen Sie einen Überblick über dieses Land:

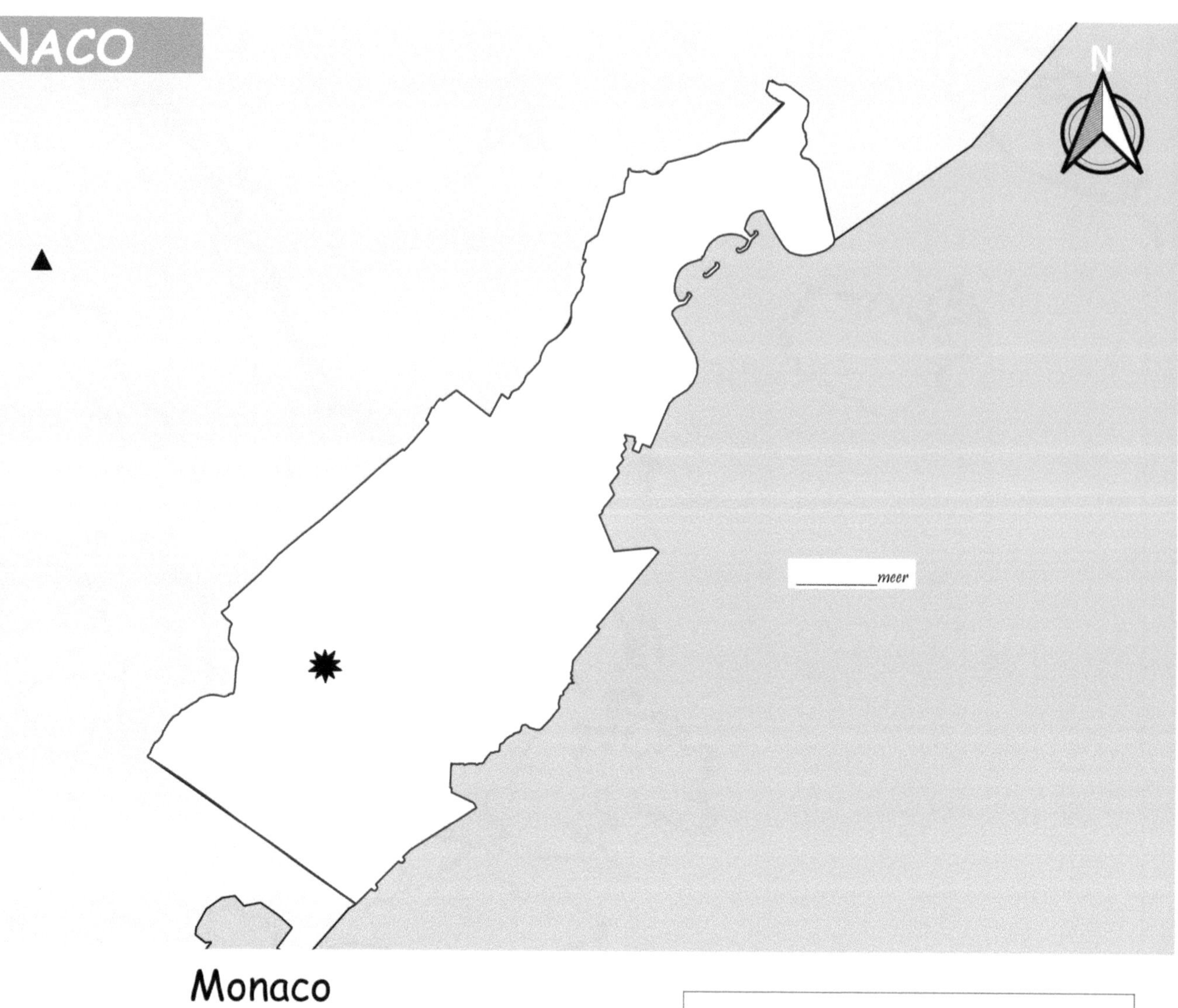

Monaco

ist ein kleines souveränes Fürstentum, das an der
_______________ Riviera gelegen ist. Es befindet sich an der
_______________ und ist von _______________ umgeben.
Monaco ist mit einer Fläche von nur _______ Quadratkilometern das
zweitkleinste Land der Welt und hat eine Bevölkerung von etwa
_______________ Menschen.
Die Grenzen von Monaco sind im Westen und Osten von
_______________ begrenzt, während die südliche Grenze vom
_______________ gebildet wird. Der Nachbarort im _________ ist
Roquebrune-Cap-Martin und im Westen ist der französische Ort
_______________.
Monaco hat keine bedeutenden Flüsse oder Seen, da es sich um
eine Küstenregion handelt. Es gibt jedoch einige kleinere Bäche und
Gräben, die durch das Land fließen. Der höchste Punkt in Monaco
ist der _______ _______, der eine Höhe von _______ Metern über
dem Meeresspiegel erreicht.
Die Vegetation in Monaco ist aufgrund des _______________ Klimas
und der begrenzten Fläche begrenzt. Es gibt jedoch einige kleine
Parks und Gärten innerhalb des Landes, wie zum Beispiel den
Jardin _______________, der eine Vielzahl von exotischen Pflanzen und
Blumen beherbergt.
In Bezug auf die Tierwelt gibt es in Monaco keine bedeutenden
Tierarten oder Wildtiere, da es sich um eine städtische Umgebung
handelt. Es gibt jedoch einige Meeresbewohner vor der _________
Monacos, wie zum Beispiel _______________ und _______________.

Offizielle Sprache:_______________

Fläche in km² : _______________

Einwohnerzahl: _______________

Währung: _______________

Hauptstadt: _______________

Höchster Berg:_______________

Längster Fluss: _______________

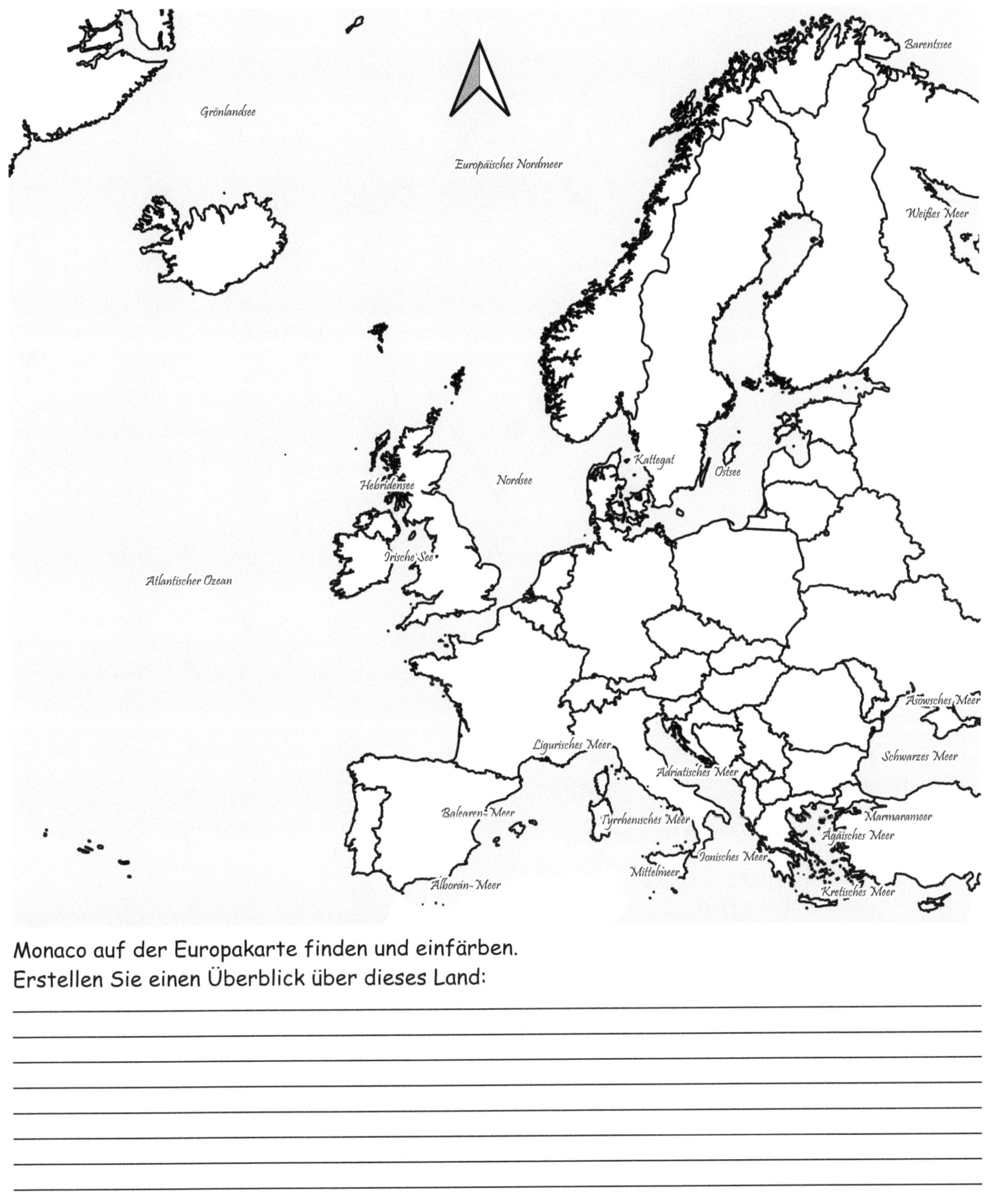

Monaco auf der Europakarte finden und einfärben.
Erstellen Sie einen Überblick über dieses Land:

____
____
____
____
____
____
____
____
____
____
____
____
____
____
____
____

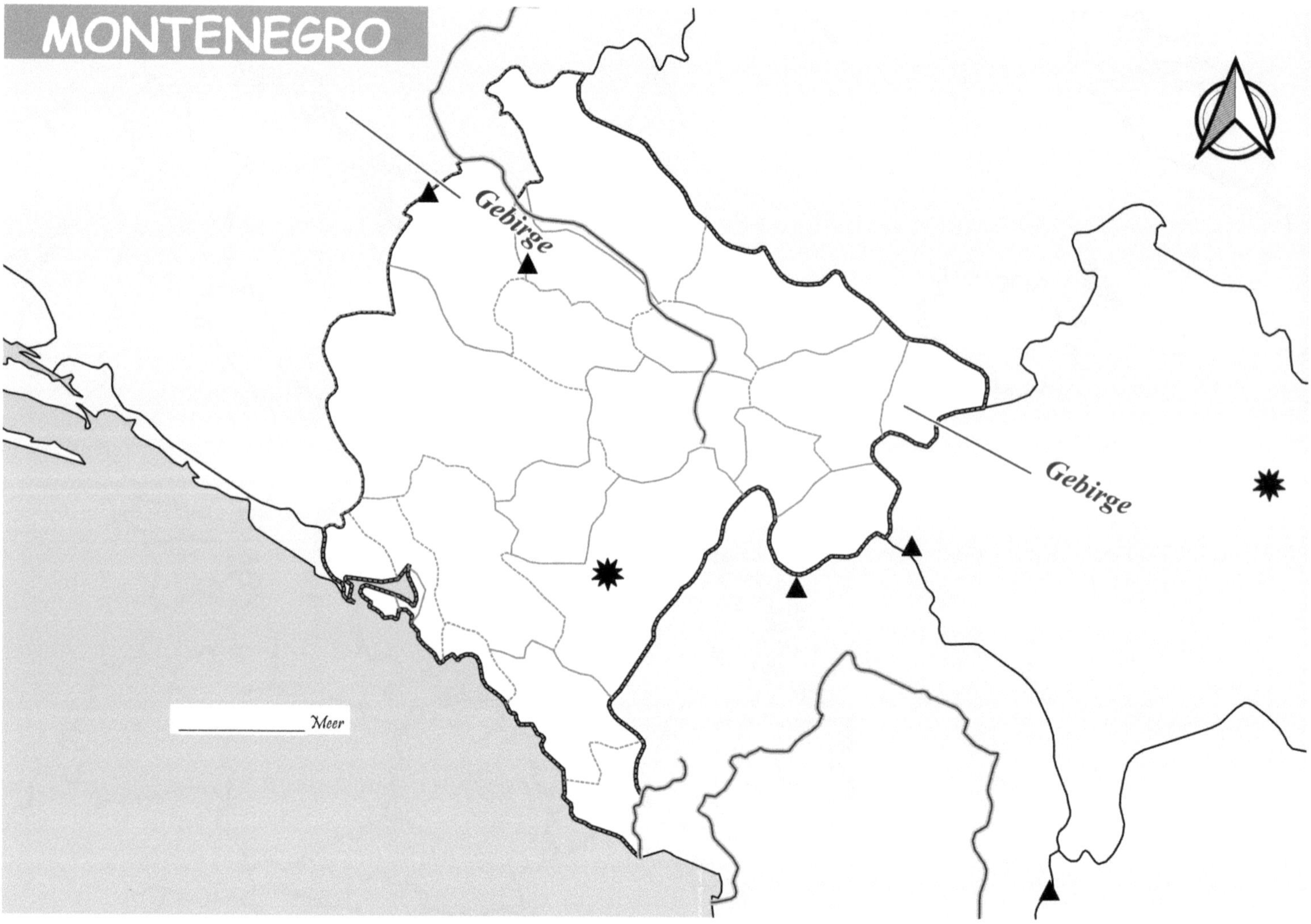

Montenegro

ist ein kleines Land auf der _____________insel im _____________ Europa. Es liegt an der östlichen Küste der _______________ und ist von _____________, Bosnien und Herzegowina, _________________, Kosovo und ___________________ umgeben. Montenegro hat eine Fläche von etwa _______ Quadratkilometern und eine Bevölkerung von etwa ___________ Menschen. Montenegro hat mehrere Flüsse und Seen, die das Land durchqueren. Der längste Fluss des Landes ist der _________________-Fluss, der eine Länge von _________ Kilometern hat. Der Fluss durchquert den Durmitor-Nationalpark, einen der bekanntesten und schönsten Orte in Montenegro. Der größte See des Landes ist der _________________, der sich auf der Grenze zwischen Montenegro und ___________________ befindet. Die Landschaft Montenegros ist von Bergen und Tälern geprägt. Die höchste Bergspitze des Landes ist der ______________________, der _________ Meter hoch ist und im __________________-Gebirge liegt. Montenegro ist auch bekannt für seine wunderschöne _________________ und die Strände an der Adria, die bei Touristen sehr beliebt sind. Die Vegetation in Montenegro ist abwechslungsreich und umfasst mediterrane Wälder, _________________ Wiesen und Hochgebirgswälder. Die Tierwelt in Montenegro ist ebenfalls vielfältig und umfasst Wildschweine, _________________, Wölfe, _________________ und zahlreiche Vogelarten.

Offizielle Sprache: _____________________

Fläche in km² : _____________________

Einwohnerzahl: _____________________

Währung: _____________________

Hauptstadt: _____________________

Höchster Berg: _____________________

___ Längster Fluss: _____________________

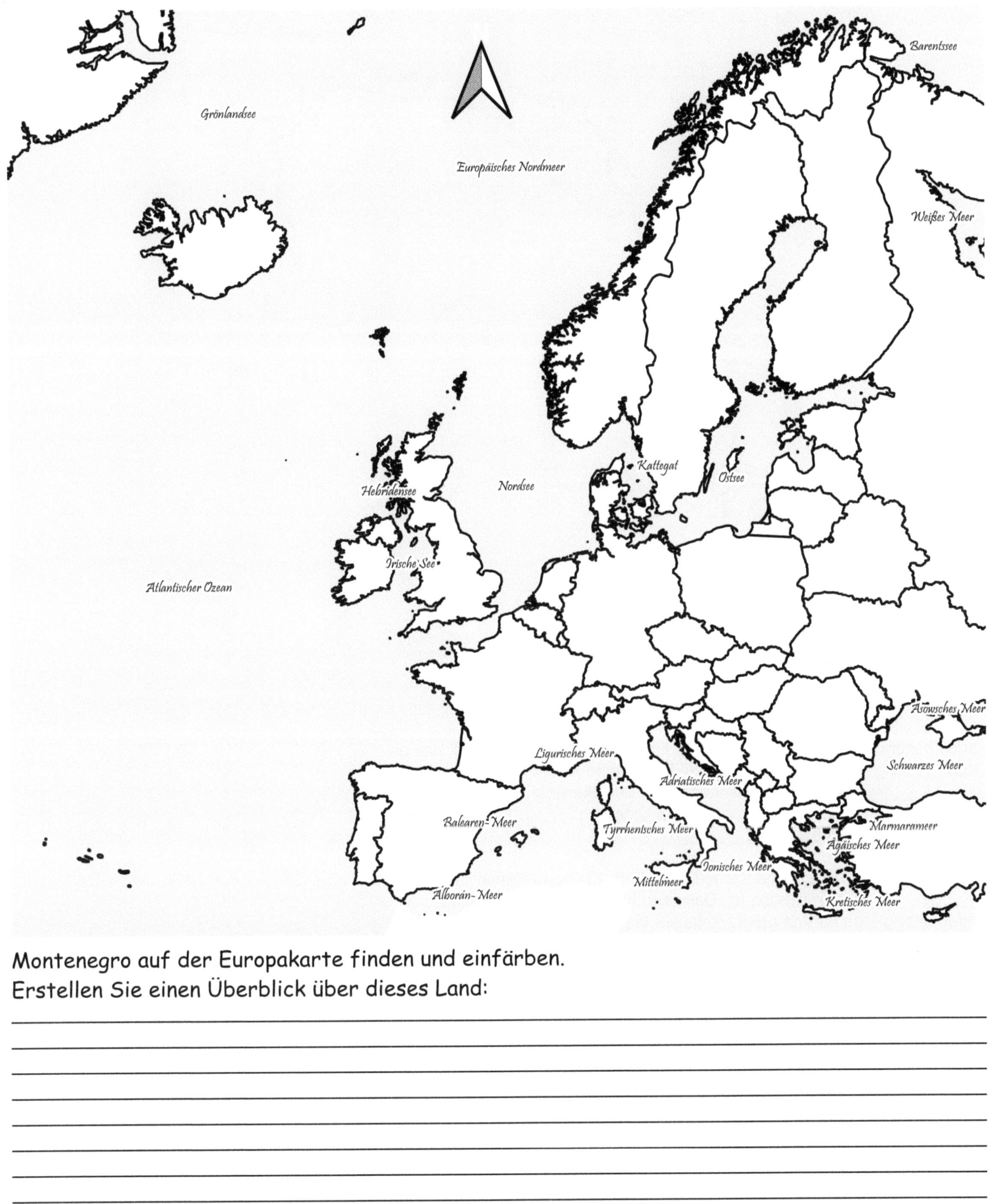

Montenegro auf der Europakarte finden und einfärben.
Erstellen Sie einen Überblick über dieses Land:

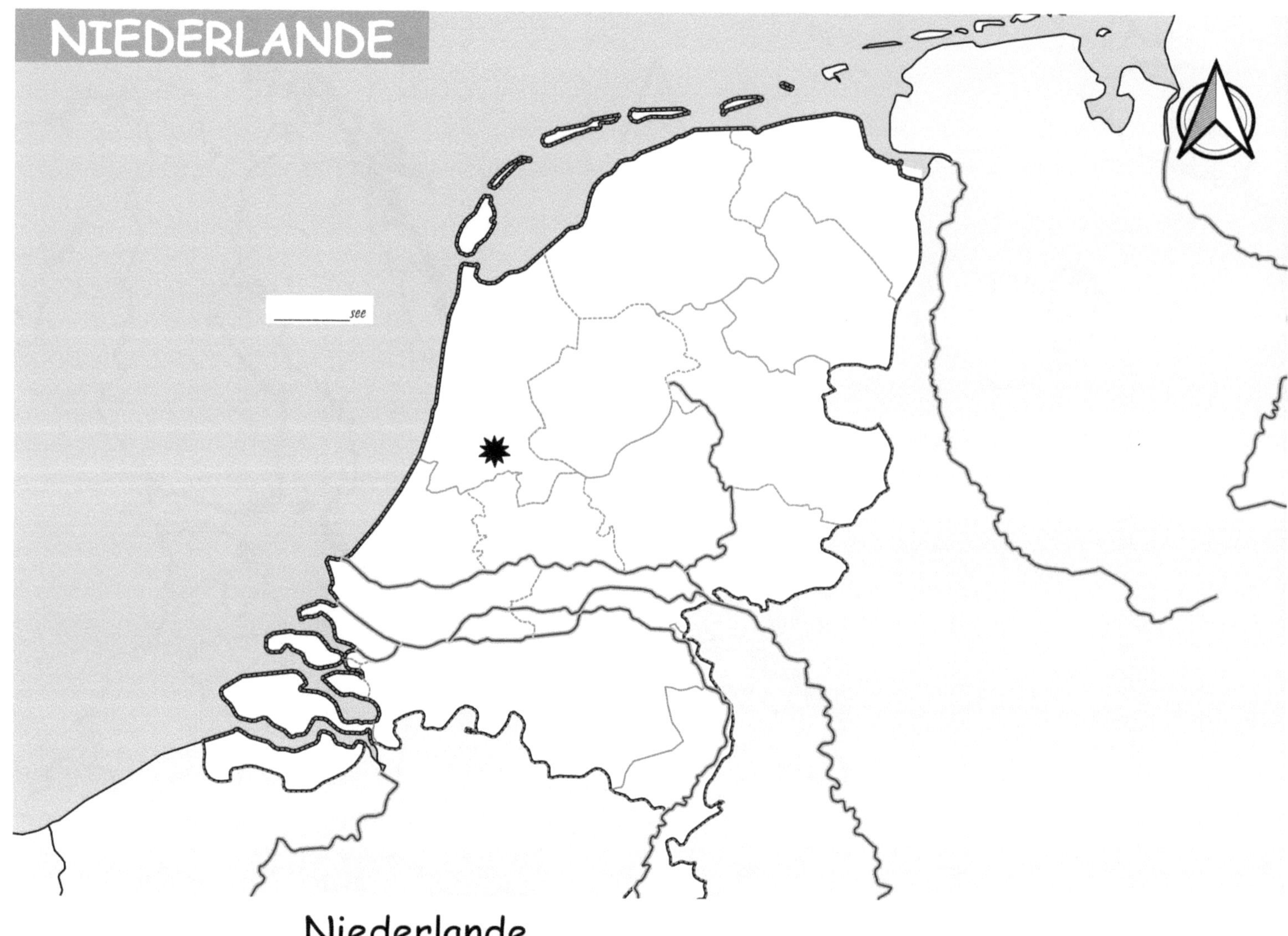

Niederlande

auch bekannt als ______________, sind ein westeuropäisches Land, das an der __________ liegt. Die Niederlande haben eine Fläche von etwa ____________ Quadratkilometern und eine Bevölkerung von etwa ______ Millionen Menschen. Das Land grenzt im Osten an _______________ und im Süden und Westen an _______________.

Die Niederlande haben eine flache Landschaft, die von Flüssen, Seen und _______________ durchzogen ist. Das Land hat keine bedeutenden Berge oder Gebirge, da es sich größtenteils auf Meereshöhe befindet. Der höchste Punkt des Landes ist der _______________, der eine Höhe von nur ______ Metern erreicht.

Die Niederlande haben viele Flüsse, darunter die __________, der Rhein und die __________. Der längste Fluss des Landes ist die __________, die eine Länge von _______ Kilometern hat und durch die Städte Rotterdam und _______________ fließt. Das Land hat auch zahlreiche Seen, darunter das IJsselmeer, das _______________ und das _______________.

Die Vegetation in den Niederlanden ist hauptsächlich von Weideland und _______________ geprägt. Es gibt jedoch auch einige Waldgebiete, wie zum Beispiel der Hoge ___________ Nationalpark, der eine Vielzahl von Bäumen und Wildtieren beherbergt. Die Tierwelt in den Niederlanden umfasst ___________, Rehe, ___________ und verschiedene Vogelarten.

Die Niederlande sind für ihre vielen Windmühlen, _______________ und Käse bekannt. Das Land hat auch eine reiche Geschichte und Kultur, die von vielen Touristen geschätzt wird. Beliebte Sehenswürdigkeiten in den Niederlanden sind das Rijksmuseum, das _______________, der Keukenhof, das Anne Frank Haus und die Grachten von Amsterdam.

Offizielle Sprache: _______________

Fläche in km² : _______________

Einwohnerzahl: _______________

Währung: _______________

Hauptstadt: _______________

Höchster Berg: _______________

Längster Fluss: _______________

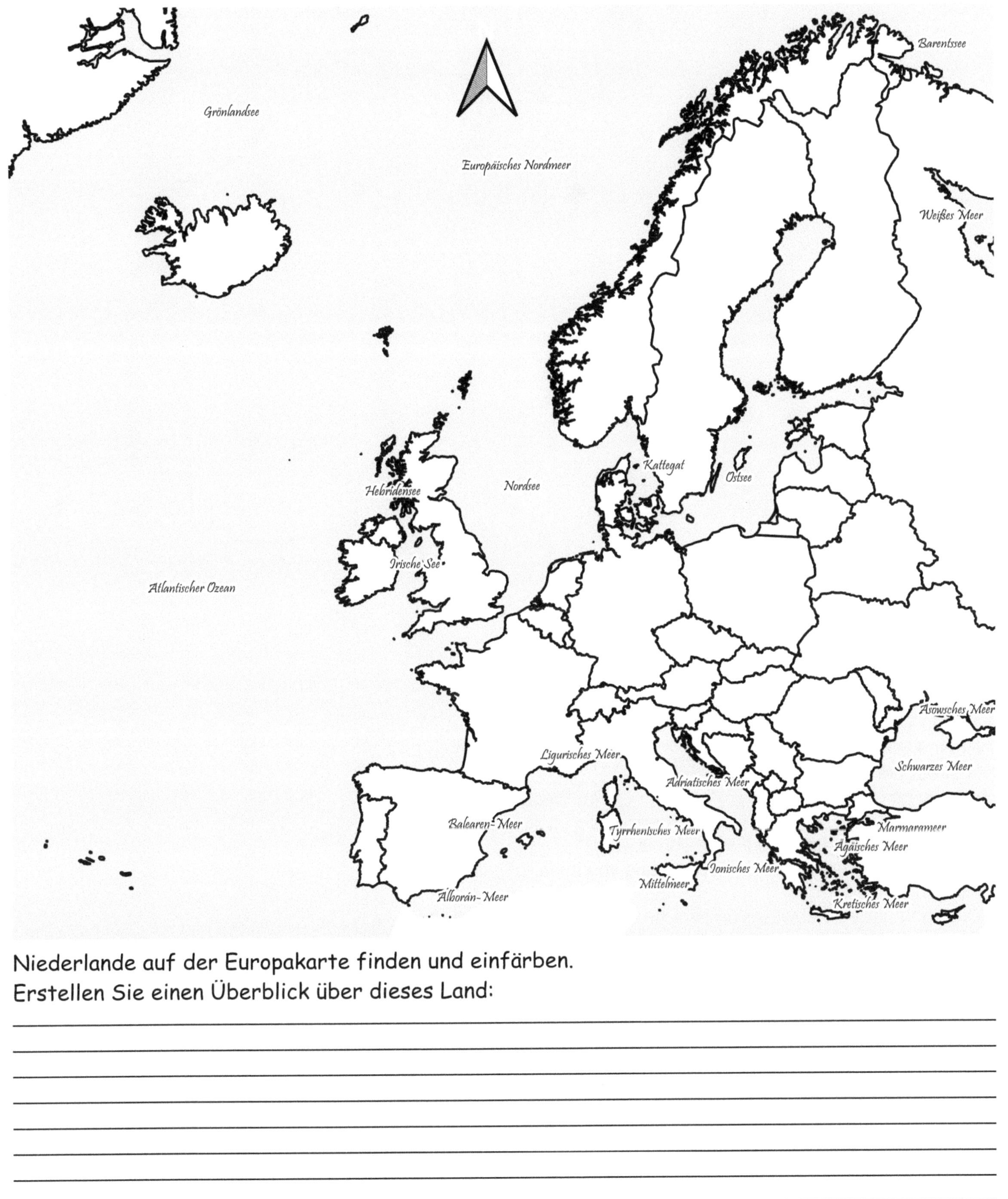

Niederlande auf der Europakarte finden und einfärben.
Erstellen Sie einen Überblick über dieses Land:

Nordmazedonien

ist ein kleines Binnenland im _____________ Europas. Das Land liegt auf der Balkanhalbinsel und ist von _____________ im Norden, Kosovo im _____________, _____________ im Westen, _____________ im Süden und Bulgarien im _________ umgeben.
Nordmazedonien hat eine Fläche von etwa _________ Quadratkilometern und eine Bevölkerung von etwa _____ Millionen Menschen.
Das Land hat eine abwechslungsreiche Landschaft, die von hohen Bergen, tiefen Tälern und fruchtbaren Ebenen geprägt ist. Die höchste Bergspitze des Landes ist der Berg ___________, der eine Höhe von __________ Metern erreicht und an der Grenze zu _______________ liegt. Weitere bekannte Berge sind der _______________ und der Baba.
Nordmazedonien hat mehrere Flüsse und Seen, die das Land durchqueren. Der längste Fluss des Landes ist der ___________, der eine Länge von ______ Kilometern hat und durch die Hauptstadt ___________ fließt. Der größte See des Landes ist der ________-See, der auch als "Perle des Balkans" bekannt ist.
Die Vegetation in Nordmazedonien ist vielfältig und umfasst dichte Wälder, Weideland und mediterrane Pflanzen. Das Land hat auch eine reiche Tierwelt mit Wildschweinen, _______________, Braunbären, _______________ und verschiedenen Vogelarten.
Nordmazedonien ist ein kulturell reiches Land mit einer langen Geschichte und einer Vielzahl von archäologischen Stätten. Beliebte Touristenziele sind das antike Skopje, der Ohrid-See, das _________ Canyon, das Kloster Sveti Naum und der _______________-Nationalpark. Das Land ist auch bekannt für seine traditionelle __________ und seine Folklore.

Offizielle Sprache: _______________

Fläche in km² : _______________

Einwohnerzahl: _______________

Währung: _______________

Hauptstadt: _______________

Höchster Berg: _______________

Längster Fluss: _______________

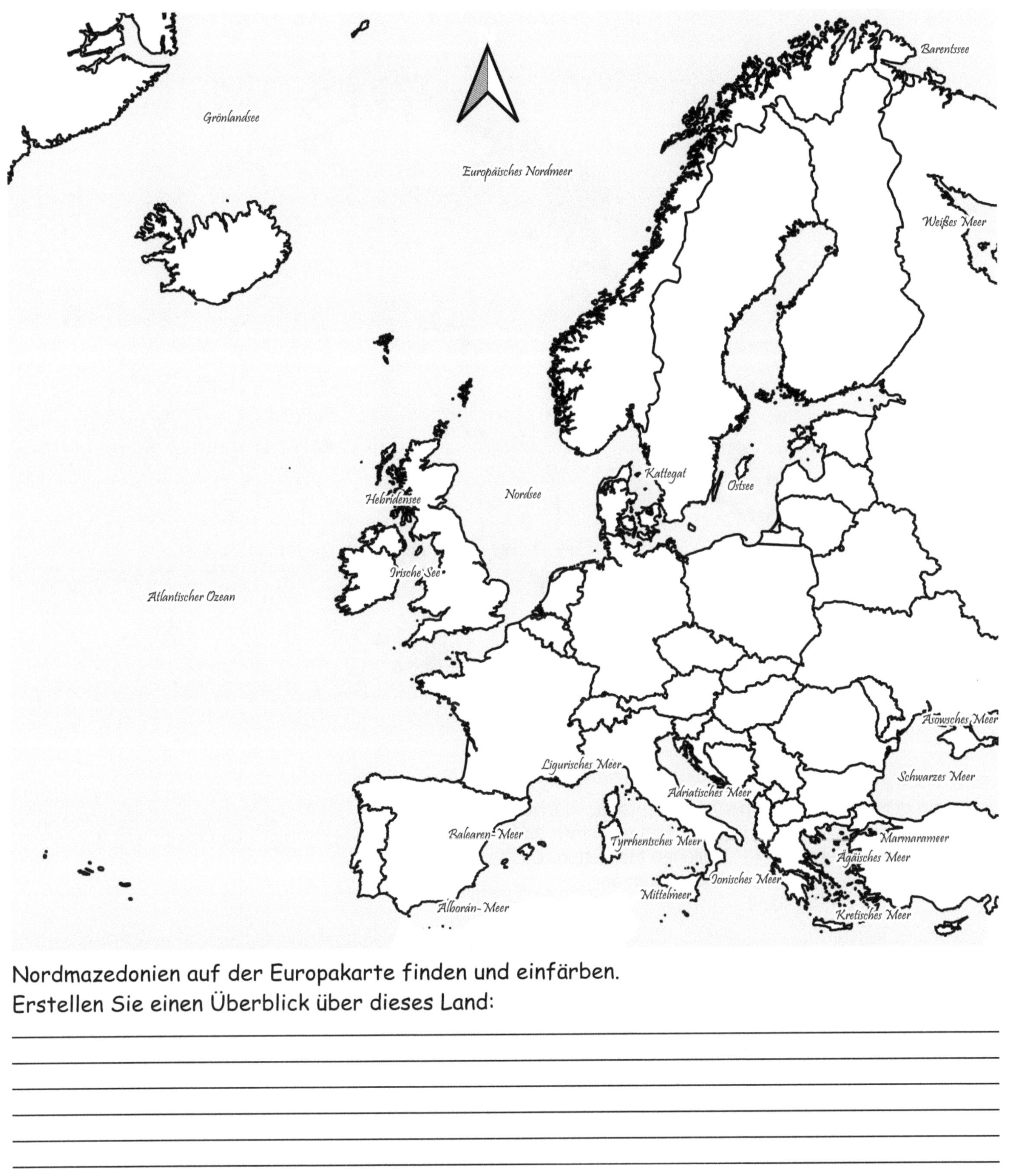

Nordmazedonien auf der Europakarte finden und einfärben.
Erstellen Sie einen Überblick über dieses Land:

____
____
____
____
____
____
____
____
____
____
____
____
____
____
____
____

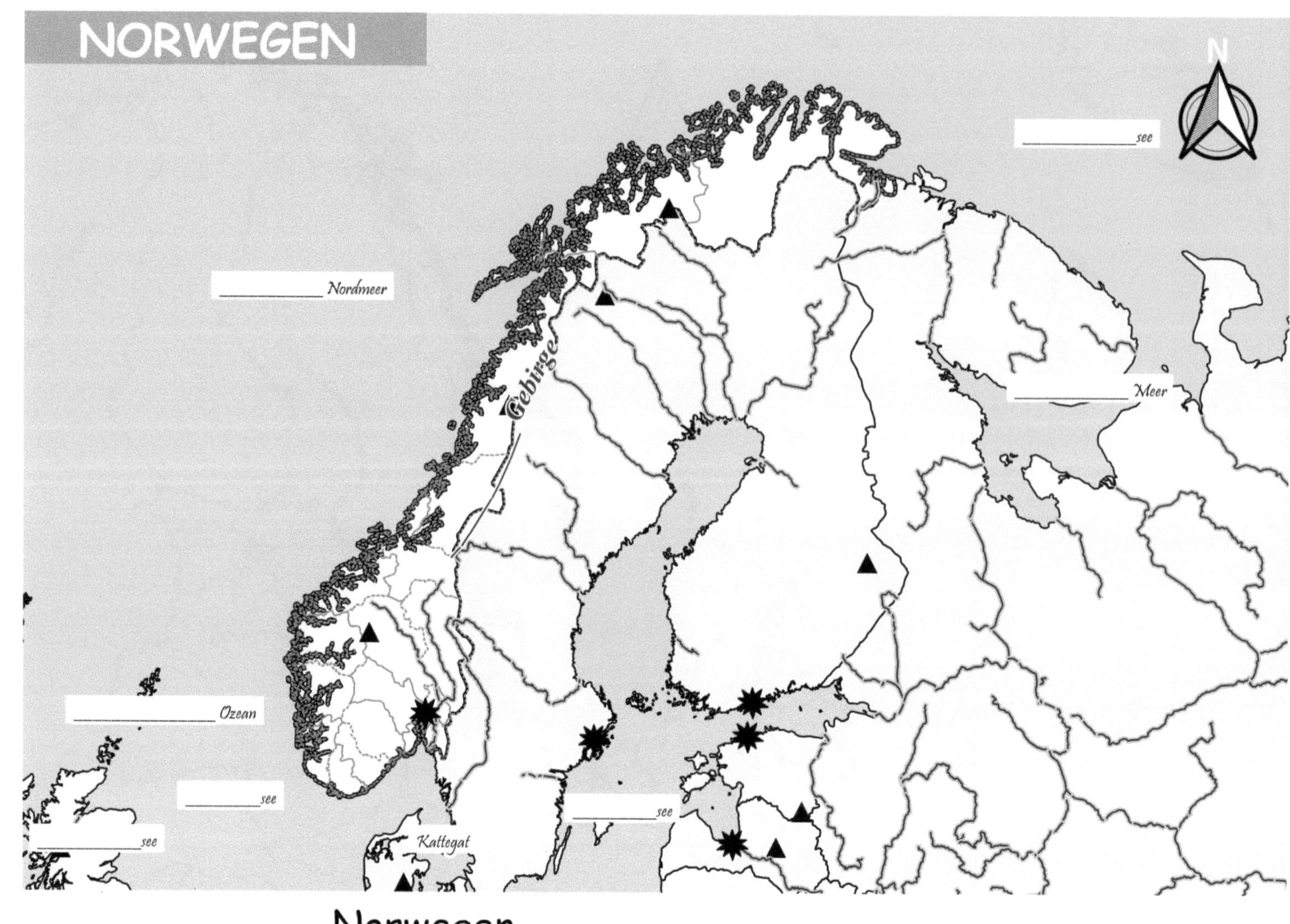

Norwegen

ist ein skandinavisches Land im ____________ Europa und erstreckt
sich von der ____________ bis zur Barentssee. Norwegen hat eine
Fläche von etwa ____________ Quadratkilometern und eine
Bevölkerung von etwa ______ Millionen Menschen. Das Land grenzt
im Osten an ____________, im Nordosten an ____________ und im
____________ an Russland.

Die Landschaft Norwegens ist geprägt von ____________, Gebirgen,
____________ und Tälern. Norwegen hat einige der höchsten Berge
Europas, darunter den ________________, der mit ______ Metern
der höchste Berg des Landes ist. Weitere berühmte Berge sind der
Jotunheimen, der ____________ und der ____________.

Norwegen hat viele Flüsse und Seen, die das Land durchziehen. Der
längste Fluss des Landes ist der ____________, der eine Länge von
______ Kilometern hat und durch das zentrale Norwegen fließt. Der
größte See des Landes ist der ________-See, der eine Fläche von
etwa ______ Quadratkilometern hat.

Die Vegetation in Norwegen ist vielfältig und variiert je nach
Region. Im Süden gibt es ____________ und fruchtbares
Ackerland, während im Norden ____________ und arktische
Vegetation vorherrschen. Norwegen hat auch eine reiche Tierwelt,
darunter ____________, Elche, __________, Bären, ____________
und verschiedene Vogelarten.

Offizielle Sprache: ____________________

Fläche in km² : ____________________

Einwohnerzahl: ____________________

Währung: ____________________

Hauptstadt: ____________________

Höchster Berg: ____________________

____ Längster Fluss: ____________________

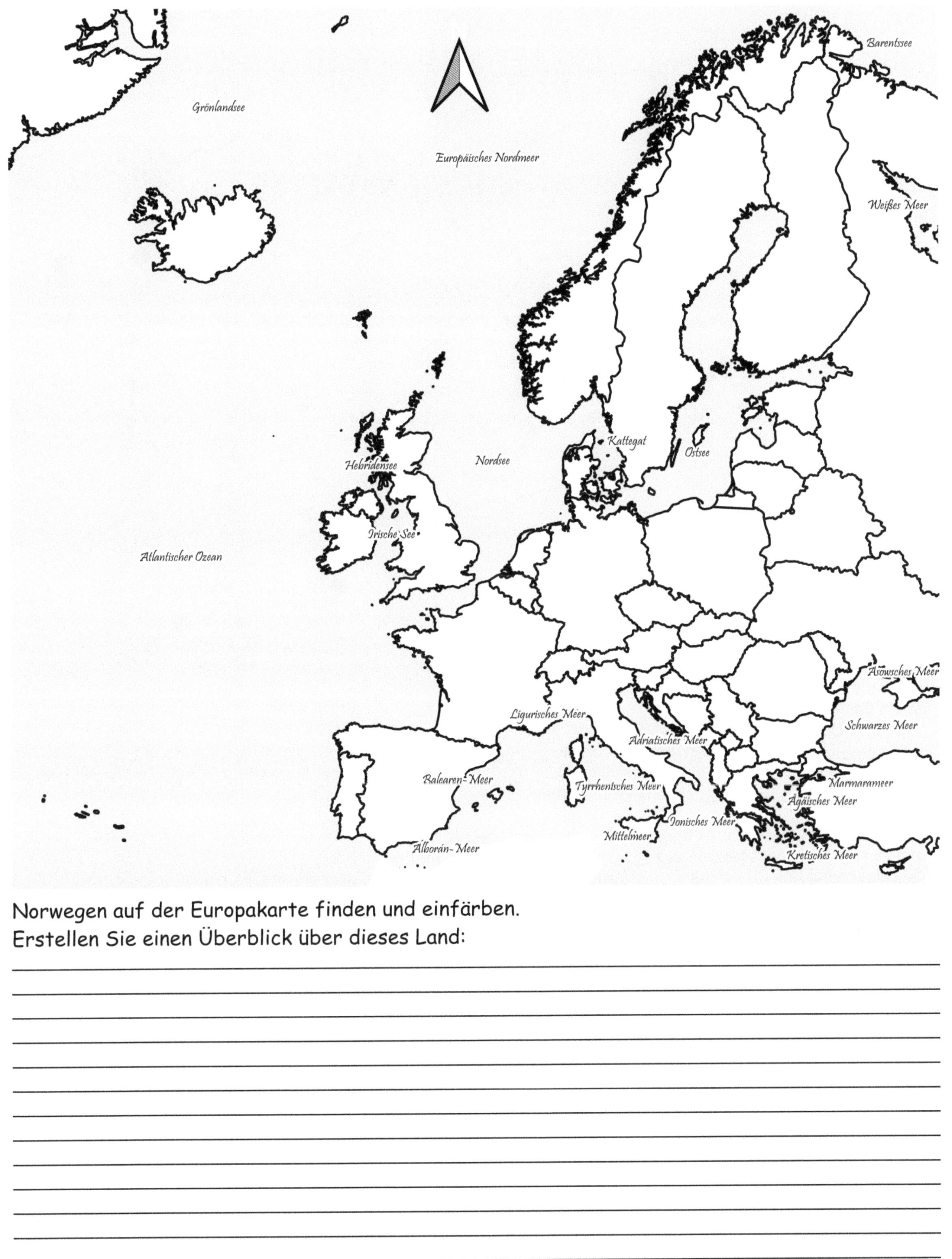

Norwegen auf der Europakarte finden und einfärben.
Erstellen Sie einen Überblick über dieses Land:

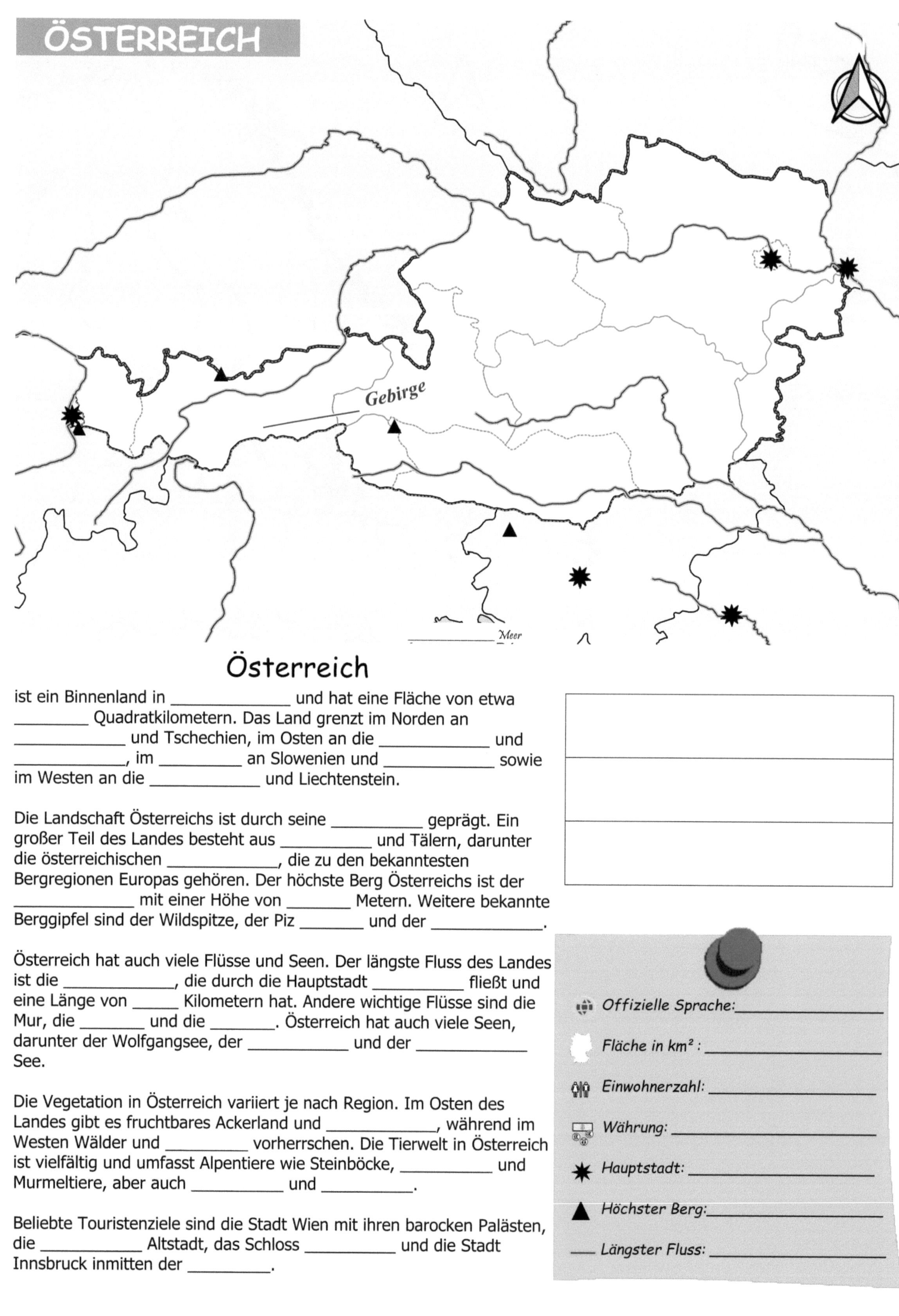

Österreich

ist ein Binnenland in ______________ und hat eine Fläche von etwa ________ Quadratkilometern. Das Land grenzt im Norden an ____________ und Tschechien, im Osten an die ____________ und ____________, im ________ an Slowenien und ____________ sowie im Westen an die ____________ und Liechtenstein.

Die Landschaft Österreichs ist durch seine ___________ geprägt. Ein großer Teil des Landes besteht aus ___________ und Tälern, darunter die österreichischen ____________, die zu den bekanntesten Bergregionen Europas gehören. Der höchste Berg Österreichs ist der ______________ mit einer Höhe von ________ Metern. Weitere bekannte Berggipfel sind der Wildspitze, der Piz ________ und der ____________.

Österreich hat auch viele Flüsse und Seen. Der längste Fluss des Landes ist die ____________, die durch die Hauptstadt ___________ fließt und eine Länge von ______ Kilometern hat. Andere wichtige Flüsse sind die Mur, die ________ und die ________. Österreich hat auch viele Seen, darunter der Wolfgangsee, der ____________ und der ____________ See.

Die Vegetation in Österreich variiert je nach Region. Im Osten des Landes gibt es fruchtbares Ackerland und ____________, während im Westen Wälder und __________ vorherrschen. Die Tierwelt in Österreich ist vielfältig und umfasst Alpentiere wie Steinböcke, ___________ und Murmeltiere, aber auch ___________ und ___________.

Beliebte Touristenziele sind die Stadt Wien mit ihren barocken Palästen, die ____________ Altstadt, das Schloss ___________ und die Stadt Innsbruck inmitten der __________.

Offizielle Sprache: ___________________

Fläche in km² : ___________________

Einwohnerzahl: ___________________

Währung: ___________________

Hauptstadt: ___________________

Höchster Berg: ___________________

Längster Fluss: ___________________

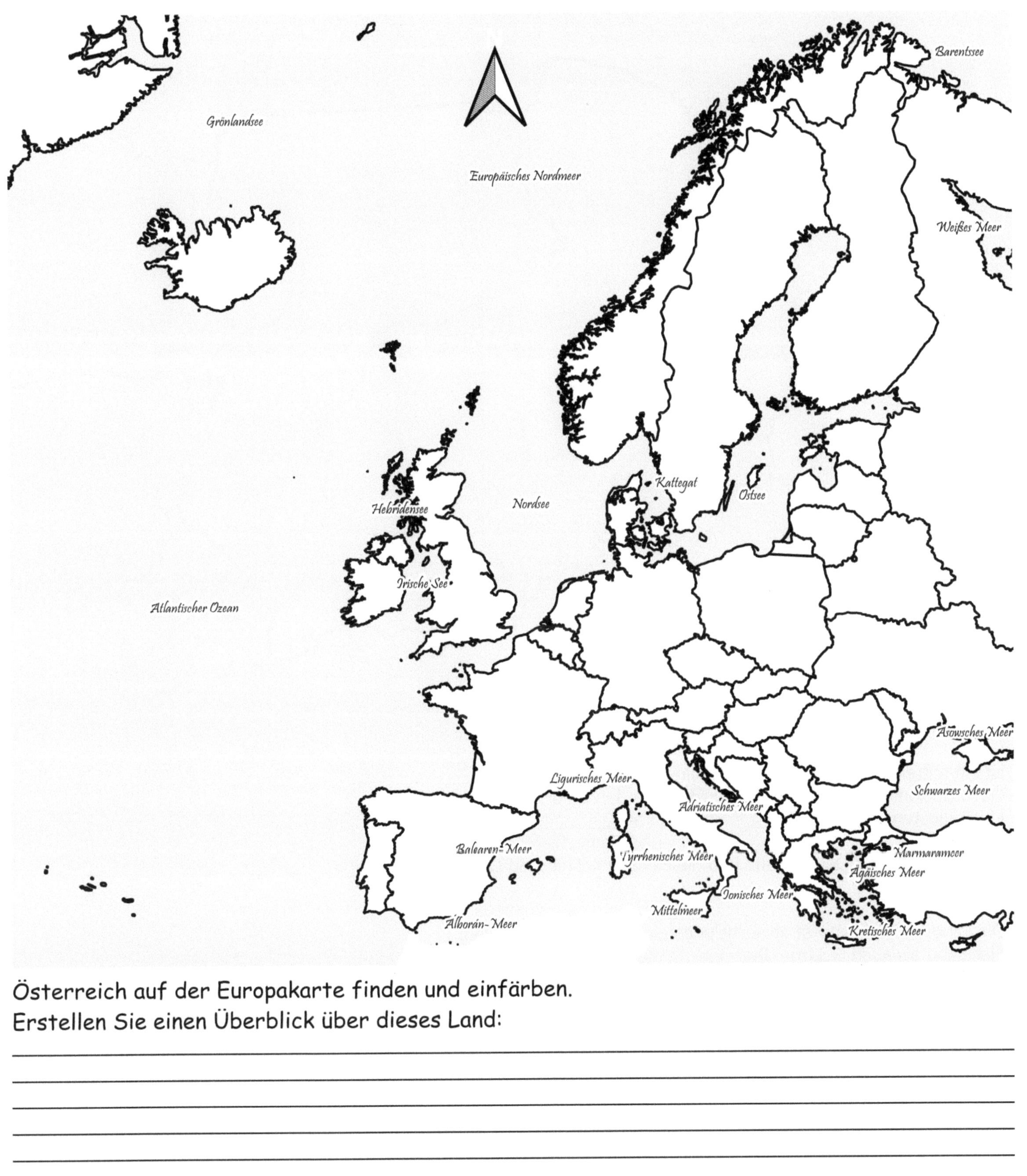

Österreich auf der Europakarte finden und einfärben.
Erstellen Sie einen Überblick über dieses Land:

____
____
____
____
____
____
____
____
____
____
____
____
____
____
____
____
____

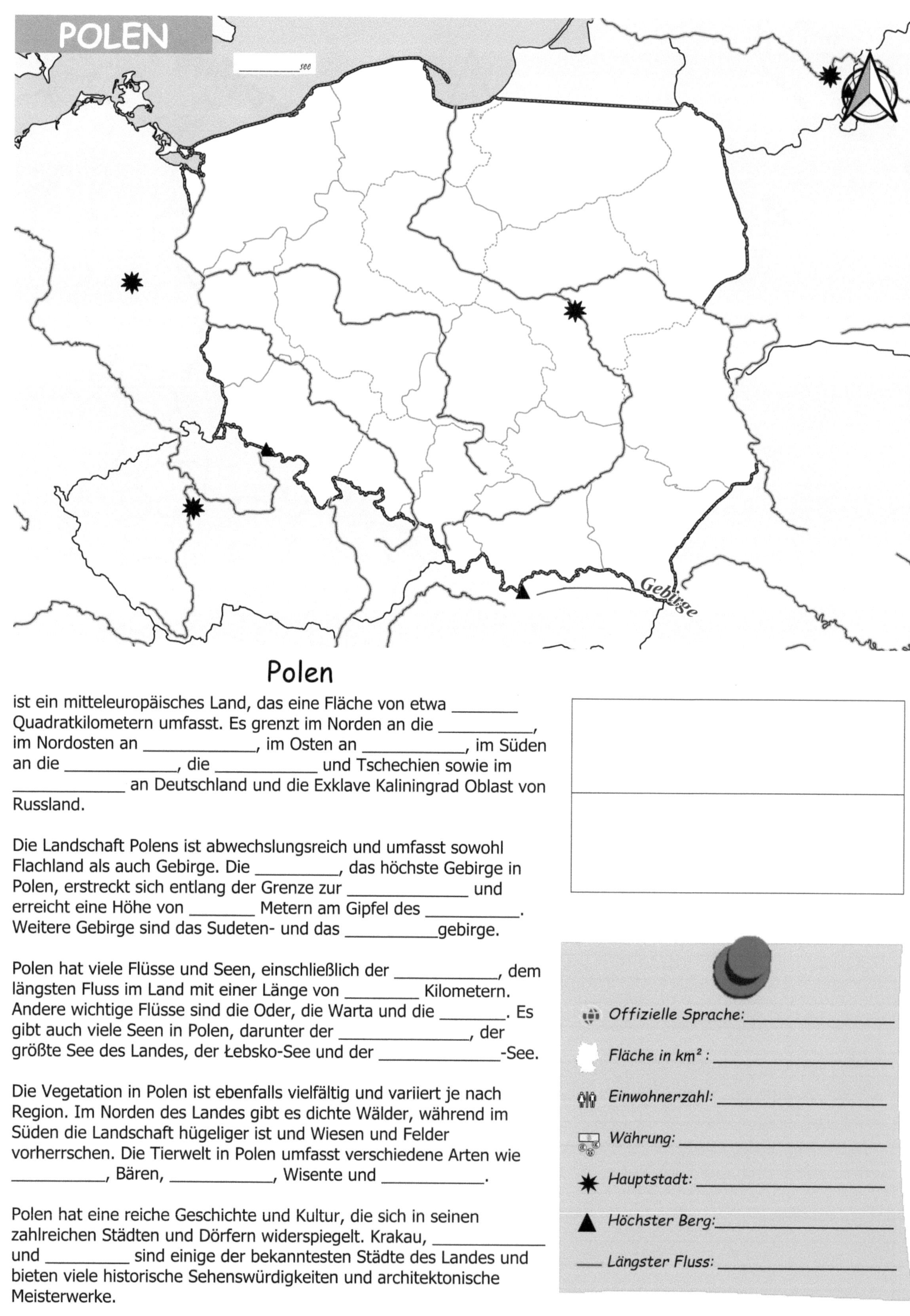

Polen

ist ein mitteleuropäisches Land, das eine Fläche von etwa ________ Quadratkilometern umfasst. Es grenzt im Norden an die ___________, im Nordosten an _____________, im Osten an ___________, im Süden an die _____________, die ___________ und Tschechien sowie im _____________ an Deutschland und die Exklave Kaliningrad Oblast von Russland.

Die Landschaft Polens ist abwechslungsreich und umfasst sowohl Flachland als auch Gebirge. Die ___________, das höchste Gebirge in Polen, erstreckt sich entlang der Grenze zur _____________ und erreicht eine Höhe von ________ Metern am Gipfel des ___________. Weitere Gebirge sind das Sudeten- und das ___________gebirge.

Polen hat viele Flüsse und Seen, einschließlich der _____________, dem längsten Fluss im Land mit einer Länge von _________ Kilometern. Andere wichtige Flüsse sind die Oder, die Warta und die ________. Es gibt auch viele Seen in Polen, darunter der _______________, der größte See des Landes, der Łebsko-See und der _____________-See.

Die Vegetation in Polen ist ebenfalls vielfältig und variiert je nach Region. Im Norden des Landes gibt es dichte Wälder, während im Süden die Landschaft hügeliger ist und Wiesen und Felder vorherrschen. Die Tierwelt in Polen umfasst verschiedene Arten wie ____________, Bären, _____________, Wisente und _____________.

Polen hat eine reiche Geschichte und Kultur, die sich in seinen zahlreichen Städten und Dörfern widerspiegelt. Krakau, _____________ und __________ sind einige der bekanntesten Städte des Landes und bieten viele historische Sehenswürdigkeiten und architektonische Meisterwerke.

Offizielle Sprache:_____________________

Fläche in km² : _____________________

Einwohnerzahl: _____________________

Währung: _____________________

Hauptstadt: _____________________

Höchster Berg:_____________________

___ Längster Fluss: _____________________

Polen auf der Europakarte finden und einfärben.
Erstellen Sie einen Überblick über dieses Land:

____
____
____
____
____
____
____
____
____
____
____
____
____
____
____
____
____
____

PORTUGAL

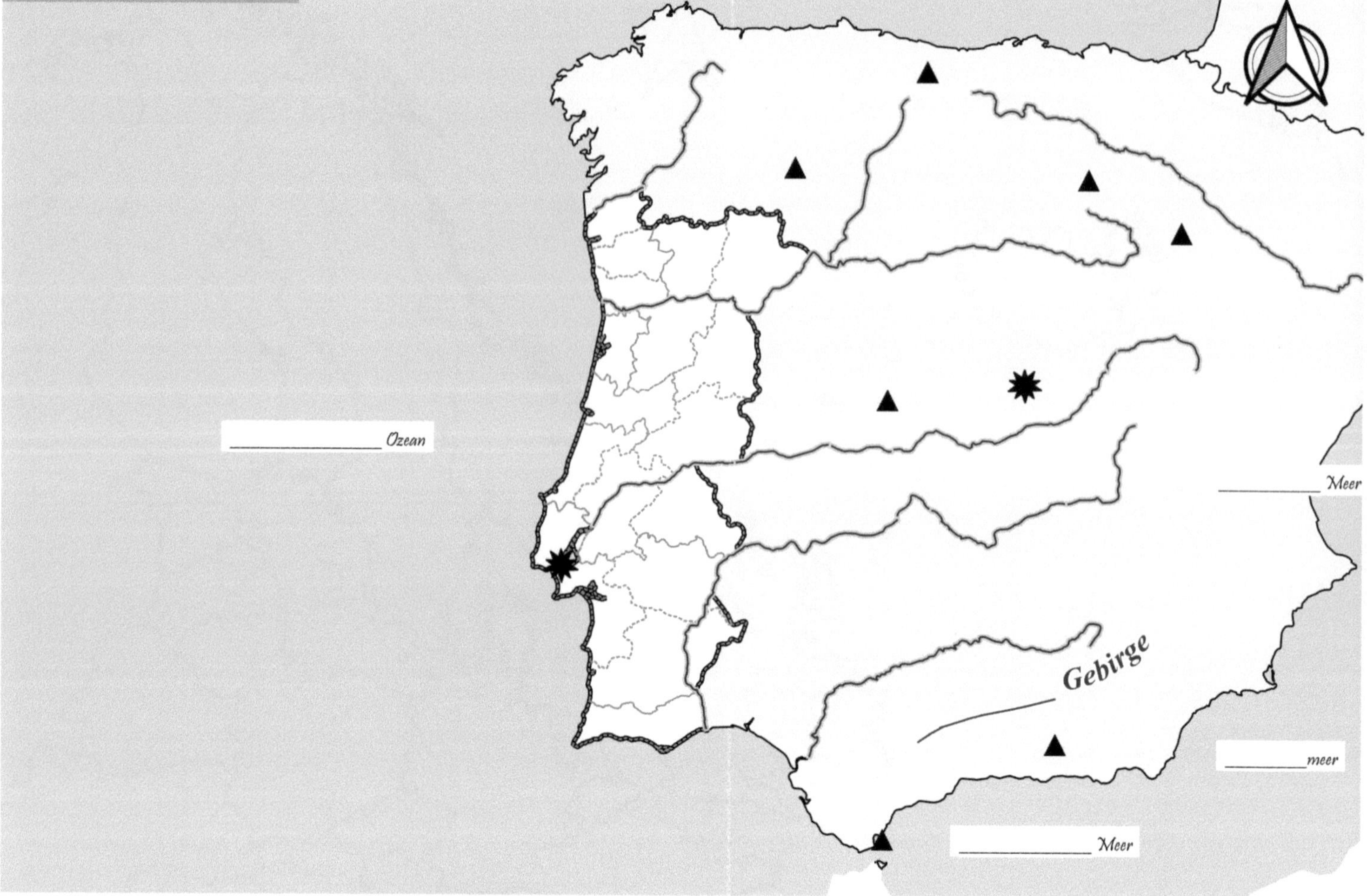

Portugal

ist ein Land im Südwesten Europas und liegt auf der _____________ Halbinsel. Es grenzt im Norden und Osten an _____________ und wird im Westen und Süden vom _____________ Ozean umgeben.

Portugal hat eine abwechslungsreiche Landschaft, die sich von den Bergen im Norden bis zur Algarve im Süden erstreckt. _____________ ist ein Stratovulkan auf der gleichnamigen Azoren-Insel Pico. Mit einer Höhe von ________ m ist er der höchste Berg Portugals. Weitere wichtige Gebirge sind die Serra do _____________ und die Serra do __________.

Portugal hat auch viele Flüsse und Seen, darunter den längsten Fluss des Landes, den ____ _________, der durch die berühmten Weinberge des Douro-Tals fließt. Andere wichtige Flüsse sind der Rio ________, der durch _____________ fließt, und der Rio Guadiana, der die Grenze zu _____________ bildet. Es gibt auch einige Seen in Portugal, wie zum Beispiel den _____________ de Óbidos, den größten Lagunensee des Landes, und den __________-Stausee, den größten Stausee Portugals.

Die Vegetation in Portugal variiert je nach Region. Im Norden des Landes gibt es dichte _____________, während im Süden die Landschaft eher _____________ geprägt ist mit Olivenbäumen, _____________ und _____________. Portugal hat auch eine reiche Tierwelt, die verschiedene Arten wie Wildschweine, __________, __________, Füchse, __________, Adler und __________ umfasst.

Portugal hat eine reiche Geschichte und Kultur, die sich in seinen Städten und Dörfern widerspiegelt. _____________, Porto und _________ sind einige der bekanntesten Städte des Landes und bieten viele historische Sehenswürdigkeiten und architektonische Meisterwerke.

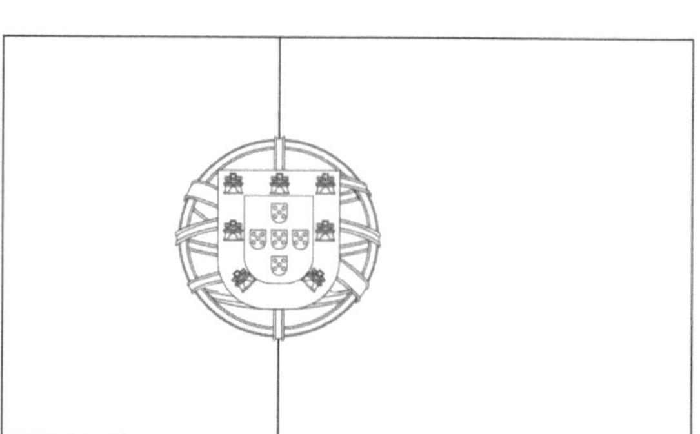

Offizielle Sprache:_____________________

Fläche in km² : _____________________

Einwohnerzahl: _____________________

Währung: _____________________

Hauptstadt: _____________________

▲ Höchster Berg:_____________________

___ Längster Fluss: _____________________

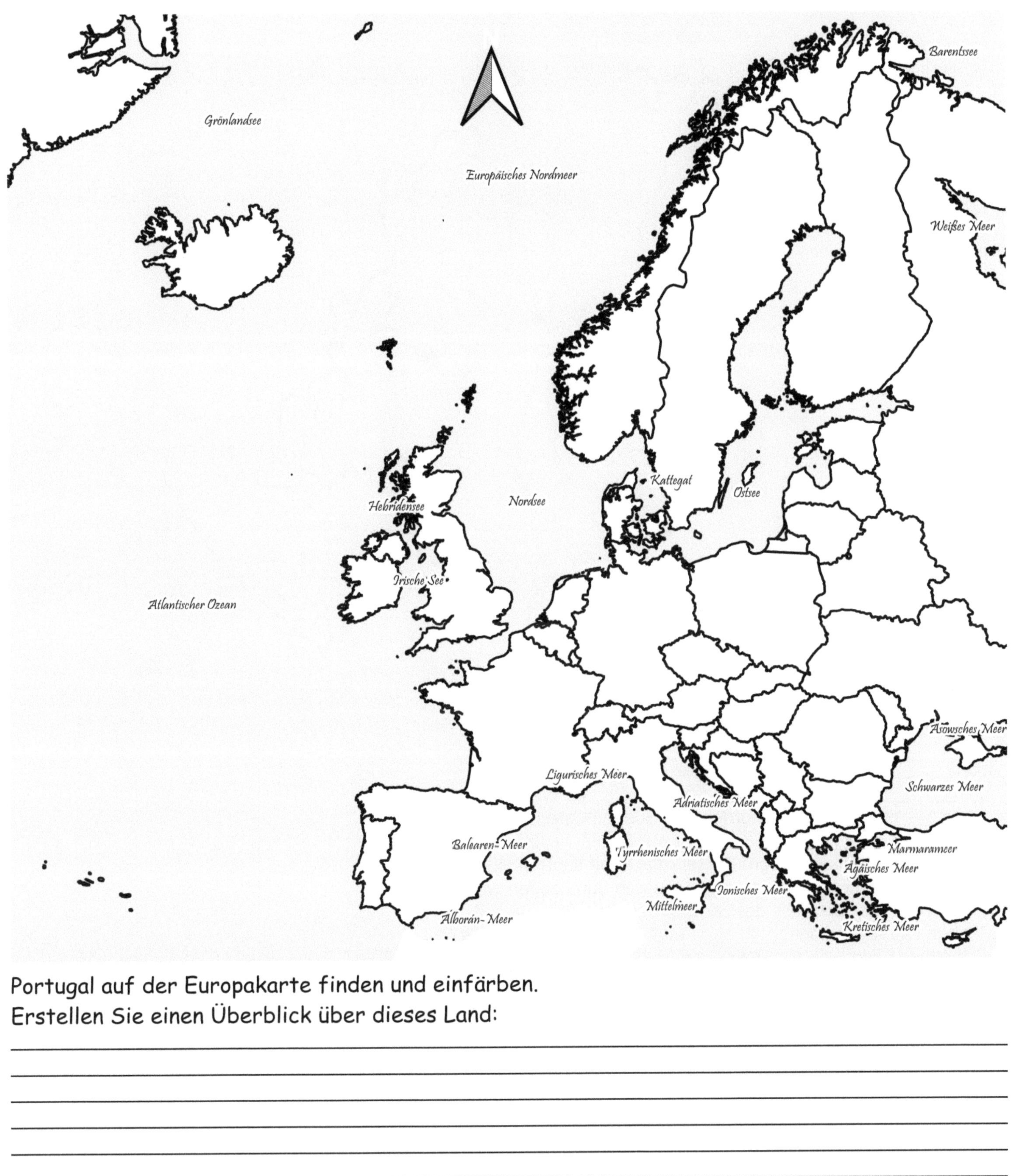

Portugal auf der Europakarte finden und einfärben.
Erstellen Sie einen Überblick über dieses Land:

____
____
____
____
____
____
____
____
____
____
____
____
____
____
____
____

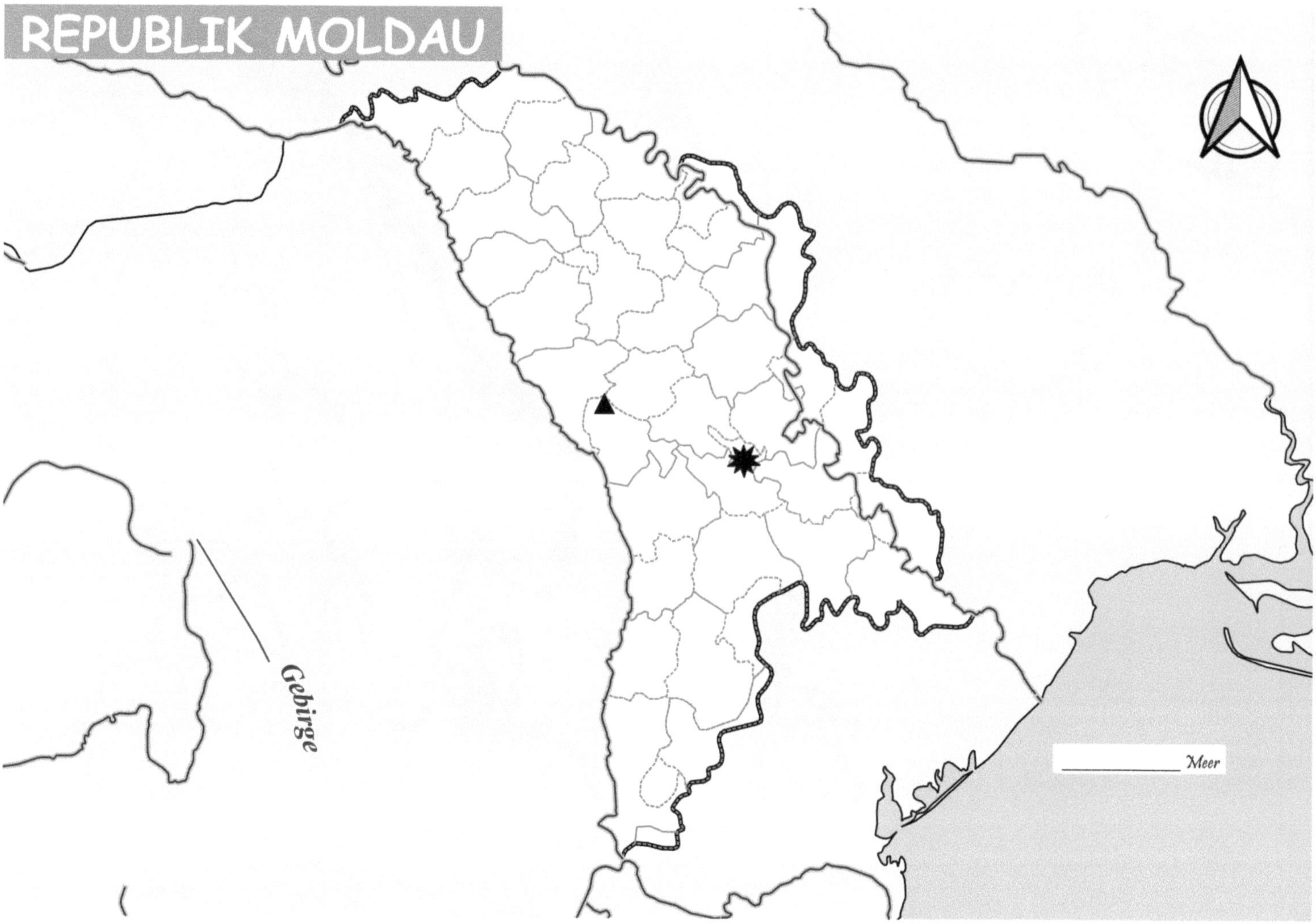

Republik Moldau

auch _______________ genannt, ist ein Binnenstaat in
_______________. Es wird von _______________ im Westen und der
_______________ im Osten, Norden und Süden begrenzt.

Die Landschaft Moldau ist größtenteils flach mit sanften Hügeln und
fruchtbaren Ebenen, die von einigen Flüssen durchzogen werden,
darunter der längste Fluss des Landes, der _______________. Andere
wichtige Flüsse sind der __________ und der _______________. Es gibt
auch einige Seen, wie zum Beispiel den __________-See und den
__________-See.

Es gibt keine wirklichen Berge in Moldau, aber es gibt einige Hügel
und Erhebungen, wie zum Beispiel den ________ _______________, der
mit ______ Metern der höchste Punkt des Landes ist.

Die Vegetation in Moldau ist sehr abwechslungsreich, von den
dichten Wäldern in den _______________ Regionen bis zu den
fruchtbaren Ebenen im Süden. Es gibt viele Arten von Bäumen,
Pflanzen und Wildblumen, darunter auch einige _______________
Arten.

In Bezug auf die Fauna hat Moldau eine reiche Tierwelt mit vielen
Arten, die in den Wäldern und Flussufern leben. Es gibt auch viele
Vogelarten wie __________, _______________ und Eulen.

Die Hauptstadt _______________ ist das wirtschaftliche und kulturelle
Zentrum des Landes, und es gibt auch viele andere historische
Städte und Orte von Interesse wie Tighina, __________ und das
Kloster __________.

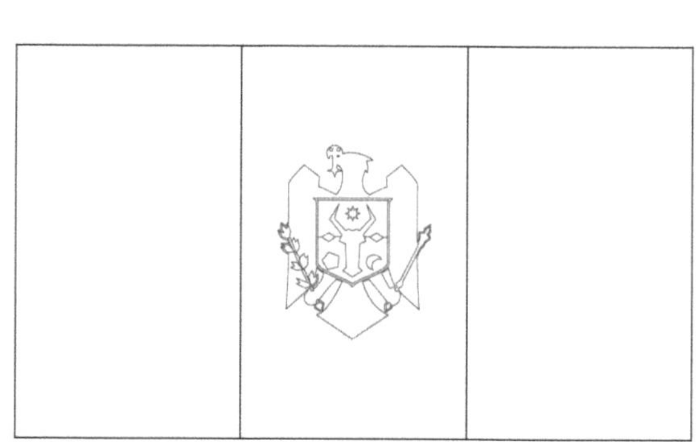

Offizielle Sprache:_______________

Fläche in km² : _______________

Einwohnerzahl: _______________

Währung: _______________

Hauptstadt: _______________

Höchster Berg:_______________

Längster Fluss: _______________

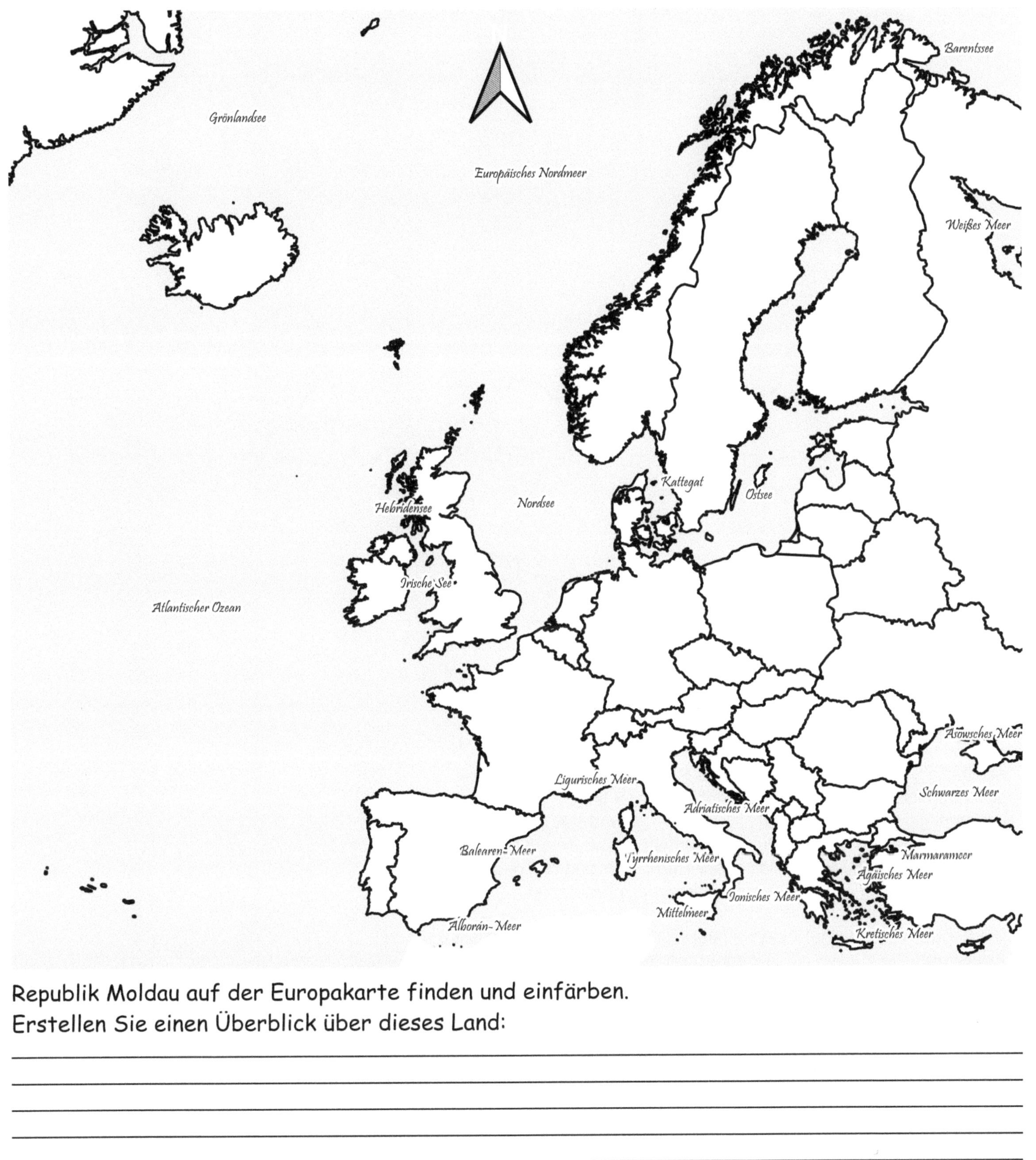

Republik Moldau auf der Europakarte finden und einfärben.

Erstellen Sie einen Überblick über dieses Land:

____
____
____
____
____
____
____
____
____
____
____
____
____
____
____
____

Republik Zypern

ist eine ______________ im östlichen Mittelmeer, die sich auf der gleichnamigen Insel Zypern befindet. Die Insel liegt zwischen den Ländern ______________ und ______________ und hat eine Gesamtfläche von _______ Quadratkilometern. Die Republik Zypern kontrolliert etwa 60% der Fläche der Insel, während der restliche Teil von der ______________ Republik Nordzypern besetzt ist.

Die Republik Zypern hat eine vielfältige Landschaft, die von Bergen, Tälern und ______________ geprägt ist. Im nördlichen Teil der Insel befindet sich die Kyrenia-Gebirgskette, während im südlichen Teil das ___________-Gebirge liegt, mi das sich über eine Fläche von etwa _________ Quadratkilometern erstreckt und mit dem Berggipfel ______________ mit einer Höhe von _______ Metern der höchste Punkt der Insel ist.

In Zypern gibt es nur wenige Flüsse und Seen, da die Insel aufgrund ihres ______________ Klimas relativ trocken ist. Der längste Fluss ist der ___________, der sich über eine Länge von etwa _______ Kilometern erstreckt und im Norden der Insel entspringt. Der Fluss fließt durch das ___________-Gebirge und mündet schließlich in das ______________.

Die Vegetation Zyperns ist ebenfalls geprägt durch das mediterrane Klima, das trockene und heiße Sommer und _________ Winter bringt. In den niedrigeren Regionen der Insel wachsen hauptsächlich Zypressen, ______________ und ______________. In höheren Lagen gibt es Kiefern- und Zedernwälder. Die Flora und Fauna Zyperns ist reichhaltig und beherbergt eine Vielzahl von Tier- und Pflanzenarten, darunter auch seltene Arten wie den Zypern-______________ und den Zypern-______________.

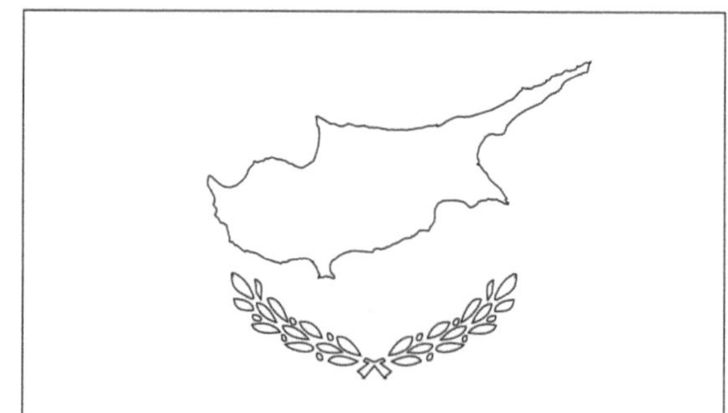

- Offizielle Sprache:______________
- Fläche in km² : ______________
- Einwohnerzahl: ______________
- Währung: ______________
- Hauptstadt: ______________
- Höchster Berg:______________
- Längster Fluss: ______________

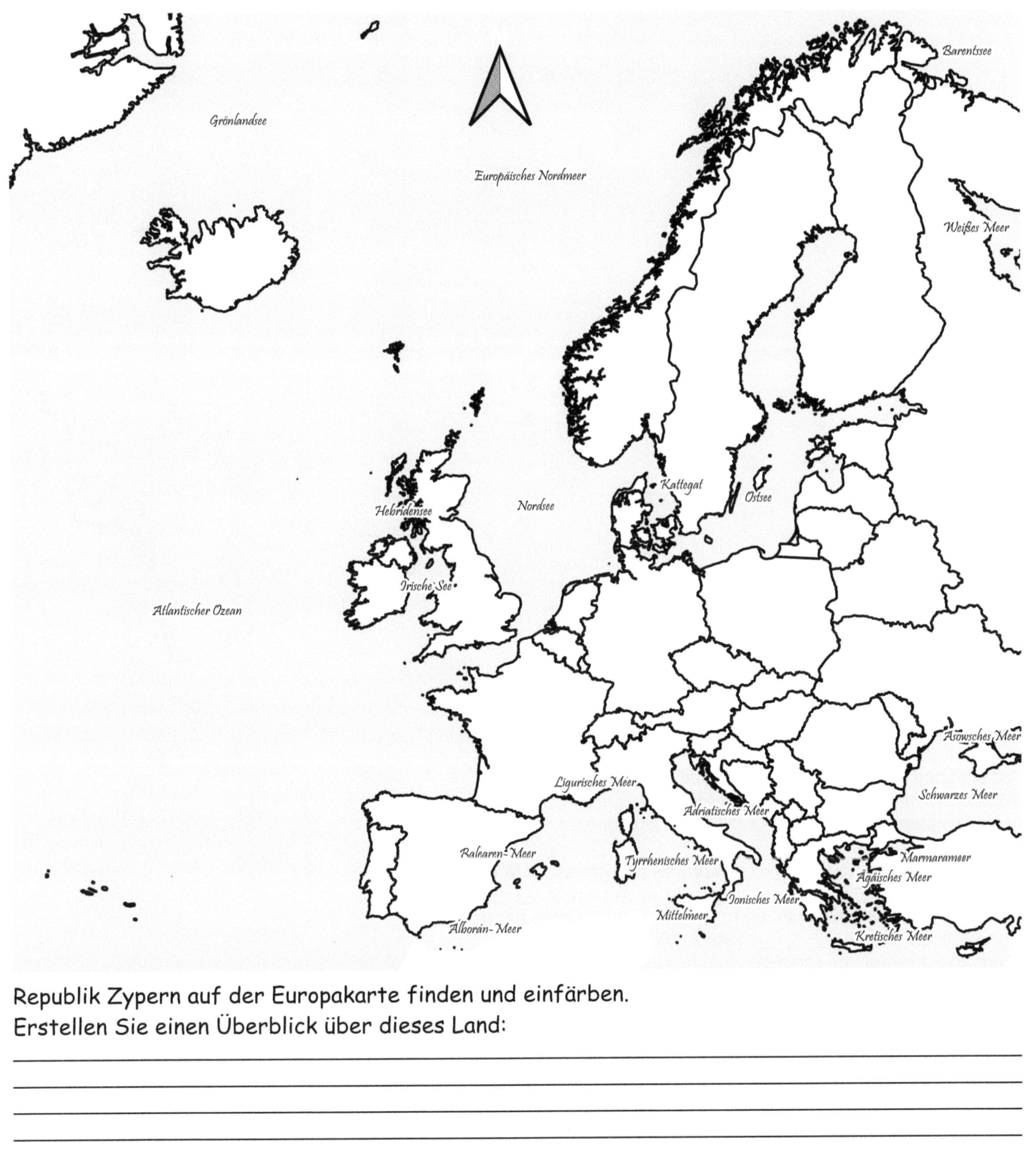

Republik Zypern auf der Europakarte finden und einfärben.

Erstellen Sie einen Überblick über dieses Land:

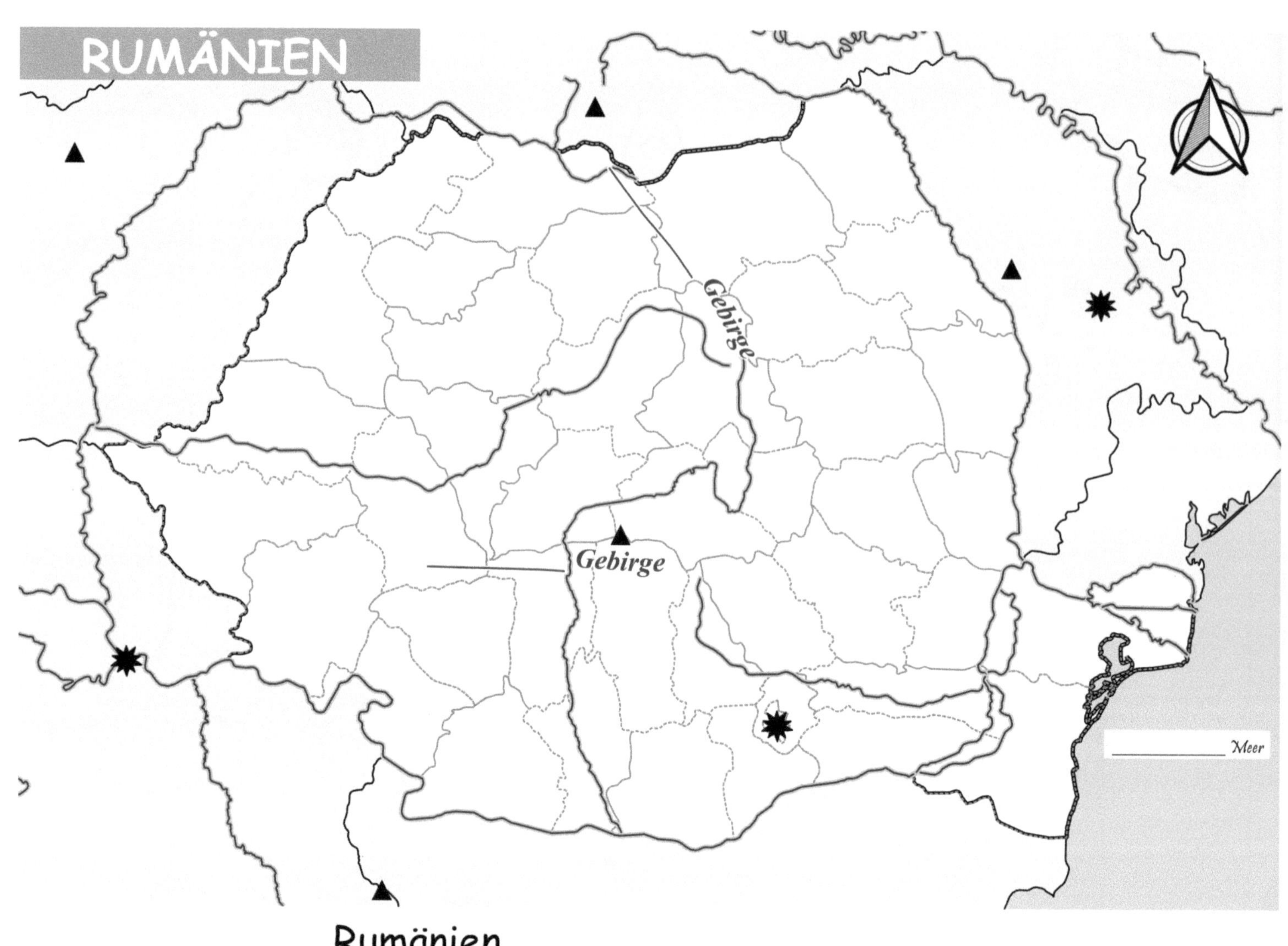

Rumänien

ist ein Land in _______________ und hat eine Fläche von _________ Quadratkilometern. Es hat eine abwechslungsreiche Landschaft, die von Gebirgen, Flüssen, Seen und Tälern geprägt ist.

Rumänien liegt im _______________ Europas und grenzt im Norden an die _____________ und _______________, im Westen an _____________ und im _______ an Bulgarien und ___________. Im Osten hat das Land eine Grenze zum _____________ Meer. Die Hauptstadt _____________ liegt im Südosten des Landes.

Einige der wichtigsten Flüsse Rumäniens sind die ___________, die durch das Land fließt und an der Grenze zu Bulgarien verläuft, der Mures, der durch den Norden des Landes fließt, und der ___________, der an der Grenze zu Moldawien fließt. Rumänien hat auch mehrere Seen, darunter den _______________ See, der einer der größten Seen in Europa ist, sowie den Razelm-See und den _________-See.

Die _______________, ein Gebirgszug, der durch Mitteleuropa verläuft, erstrecken sich durch das Zentrum Rumäniens und bieten einige der spektakulärsten Landschaften des Landes. Der höchste Gipfel der Karpaten und Rumäniens ist der _______________ mit einer Höhe von _________ Metern. Ändere bemerkenswerte Gipfel sind der _____________, der Vistea Mare und der _____________ Mare.

In Rumänien gibt es auch eine Vielzahl von Naturschutzgebieten und Nationalparks, die dazu beitragen, die Umwelt und die einzigartige Tierwelt des Landes zu schützen. Die Vegetation in Rumänien variiert von _______________ in den Gebirgen bis hin zu ___________- und Buchenwäldern in den Tiefebenen. In den Wäldern des Landes leben Wildschweine, ___________, Luchse, ___________ und ___________.

Offizielle Sprache: _____________________

Fläche in km² : _____________________

Einwohnerzahl: _____________________

Währung: _____________________

Hauptstadt: _____________________

Höchster Berg: _____________________

Längster Fluss: _____________________

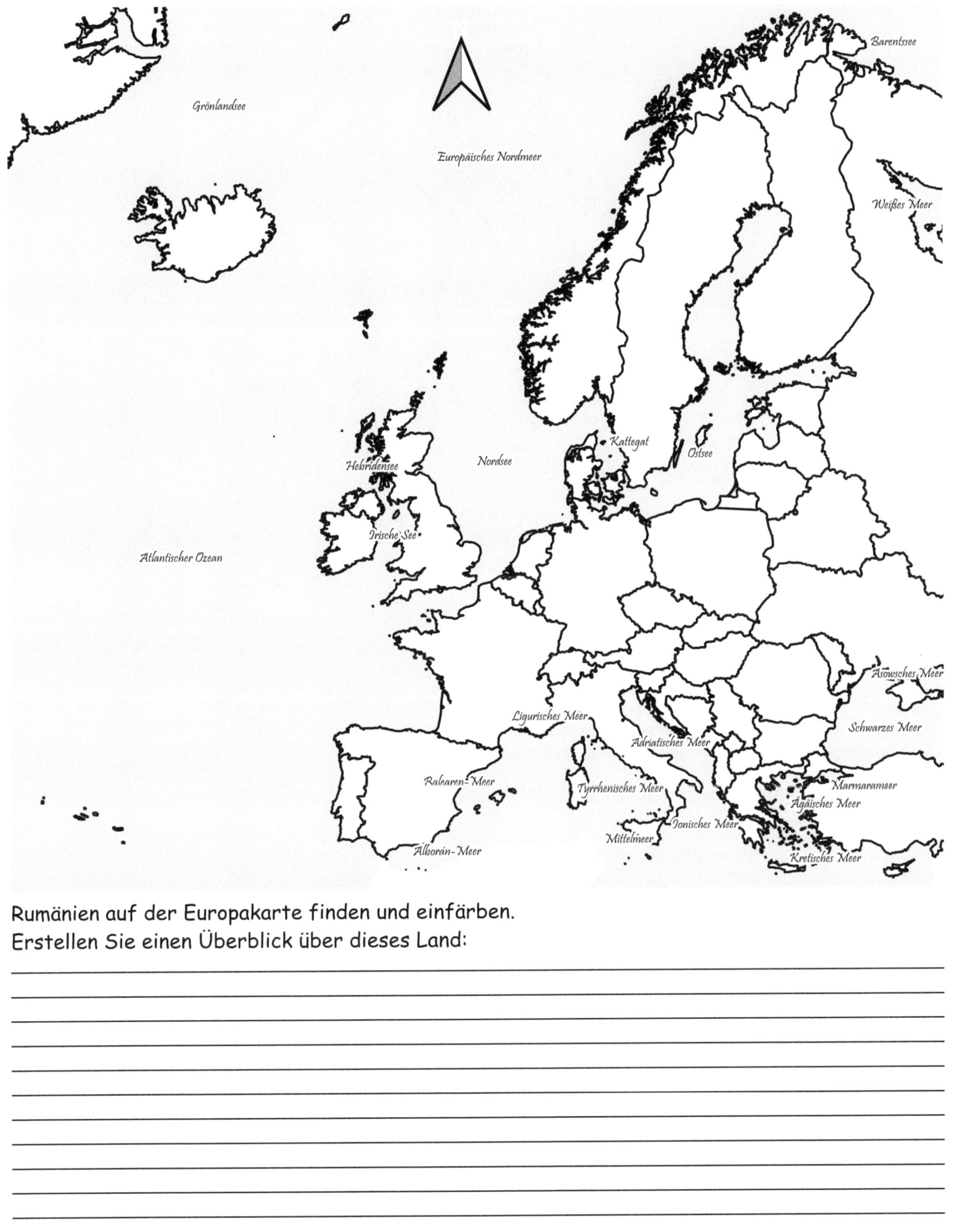

Rumänien auf der Europakarte finden und einfärben.
Erstellen Sie einen Überblick über dieses Land:

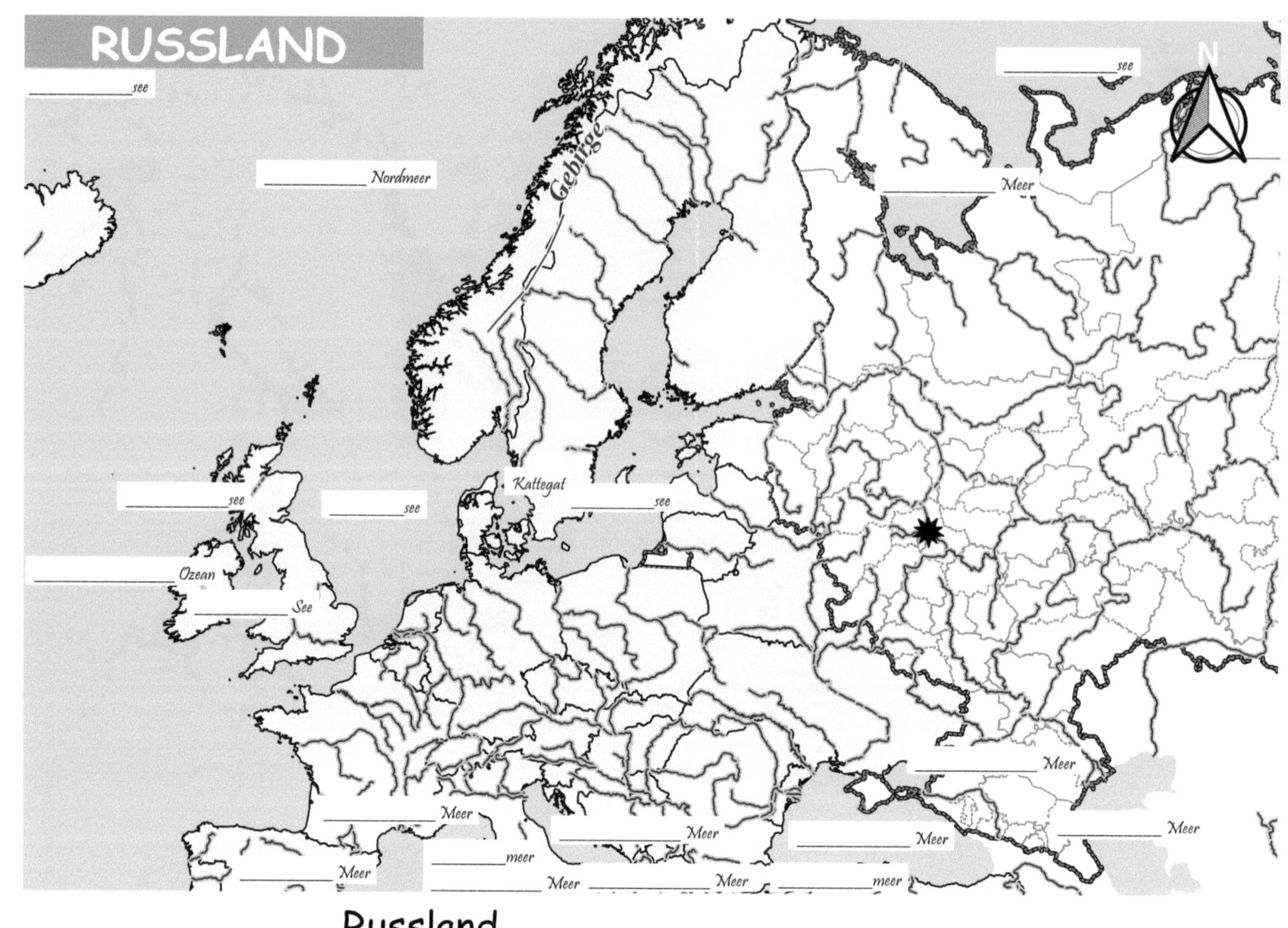

Russland

ist das __________ Land der Erde und erstreckt sich über zwei Kontinente - __________ und __________. Mit einer Fläche von etwa ____ Millionen Quadratkilometern umfasst es etwa ein Achtel der Landmasse der Erde.

Russland grenzt im Westen an ______________, Finnland, ____________, Lettland, ____________, Polen und ____________. Im Süden grenzt es an die ____________, Georgien, Aserbaidschan, ____________, die Mongolei, ____________ und Nordkorea. Im Osten grenzt Russland an den ____________ und im ____________ an die Arktis. Die Hauptstadt ____________ liegt im westlichen Teil des Landes.

Russland hat eine Vielzahl von Flüssen und Seen, darunter der längste Fluss Europas, die __________, die durch die Zentralregion des Landes fließt. Weitere wichtige Flüsse sind die Don, die ________ und der ______. Russland hat auch viele Seen, darunter den ____________, der der tiefste und älteste Süßwassersee der Welt ist.

Die Landschaft Russlands ist sehr vielfältig. Im Norden des Landes gibt es die ____________, während sich im Süden die ____________ und Waldsteppen erstrecken. Im Osten des Landes liegen die großen Gebirge wie die ________-Berge, die als Grenze zwischen Europa und Asien dienen, sowie die Sibirischen Gebirge. Der höchste Gipfel Russlands und des gesamten europäischen Kontinents ist der __________ mit einer Höhe von ______ Metern.

Die Vegetation in Russland variiert je nach Region. In der ________ gibt es vor allem Flechten und Moose, während in den Wäldern im Süden des Landes Laubbäume wie Eichen, ________ und ________ wachsen. In den nördlichen Wäldern leben Rentiere, __________, Bären und __________. Im Süden des Landes gibt es Wildkatzen, Wildschweine und Bisons.

Offizielle Sprache: ____________________

Fläche in km² : ____________________

Einwohnerzahl: ____________________

Währung: ____________________

Hauptstadt: ____________________

Höchster Berg: ____________________

____ Längster Fluss: ____________________

Russland auf der Europakarte finden und einfärben.
Erstellen Sie einen Überblick über dieses Land:

____
____
____
____
____
____
____
____
____
____
____
____
____
____
____
____
____

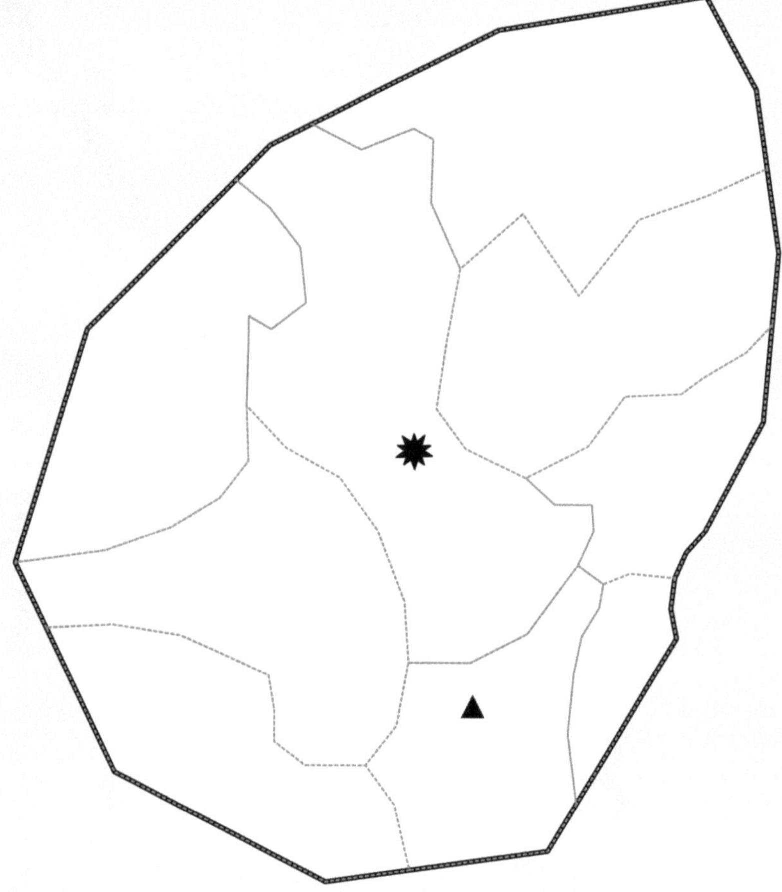

San Marino

ist ein kleines Land in ______________, das von ____________ umgeben ist. Es ist das drittgrößte von sechs Mikrostaaten in Europa und liegt auf einem Bergkamm der ________________, etwa 10 Kilometer von der italienischen Stadt Rimini entfernt. San Marino hat eine Fläche von nur _____ Quadratkilometern und ist somit eines der kleinsten Länder der Welt.

Der längste Fluss ist ______________, der durch San Marino fließt. Der Fluss entspringt in den Hügeln in der Nähe von San Marino. Er fließt dann weiter in Italien und mündet schließlich in die ______________. Der höchste Berg in San Marino ist der Monte ______________, der eine Höhe von ______ Metern erreicht. Der Berg besteht aus drei Gipfeln und ist ein wichtiger Teil des Wahrzeichens von San Marino.

Die Vegetation in San Marino ist typisch ______________ mit Pinien- und ________________, Weinbergen und Feigenbäumen. Es gibt auch viele ____________wälder in den höheren Gebieten. In San Marino gibt es keine einheimischen Säugetiere, aber es ist ein wichtiger Zwischenstopp für Zugvögel auf ihren Wanderungen.

San Marino ist ein ______________ Staat und hat eine lange Geschichte. Es wurde im Jahr 301 n. Chr. gegründet und ist somit eine der ältesten bestehenden Republiken der Welt. Es hat eine starke Tourismusindustrie, da es für seine malerischen Landschaften, historischen Stätten und Steuerfreiheit bekannt ist.

Offizielle Sprache:______________

Fläche in km² : ________________

Einwohnerzahl: ________________

Währung: ___________________

Hauptstadt: _________________

Höchster Berg:_______________

Längster Fluss: ______________

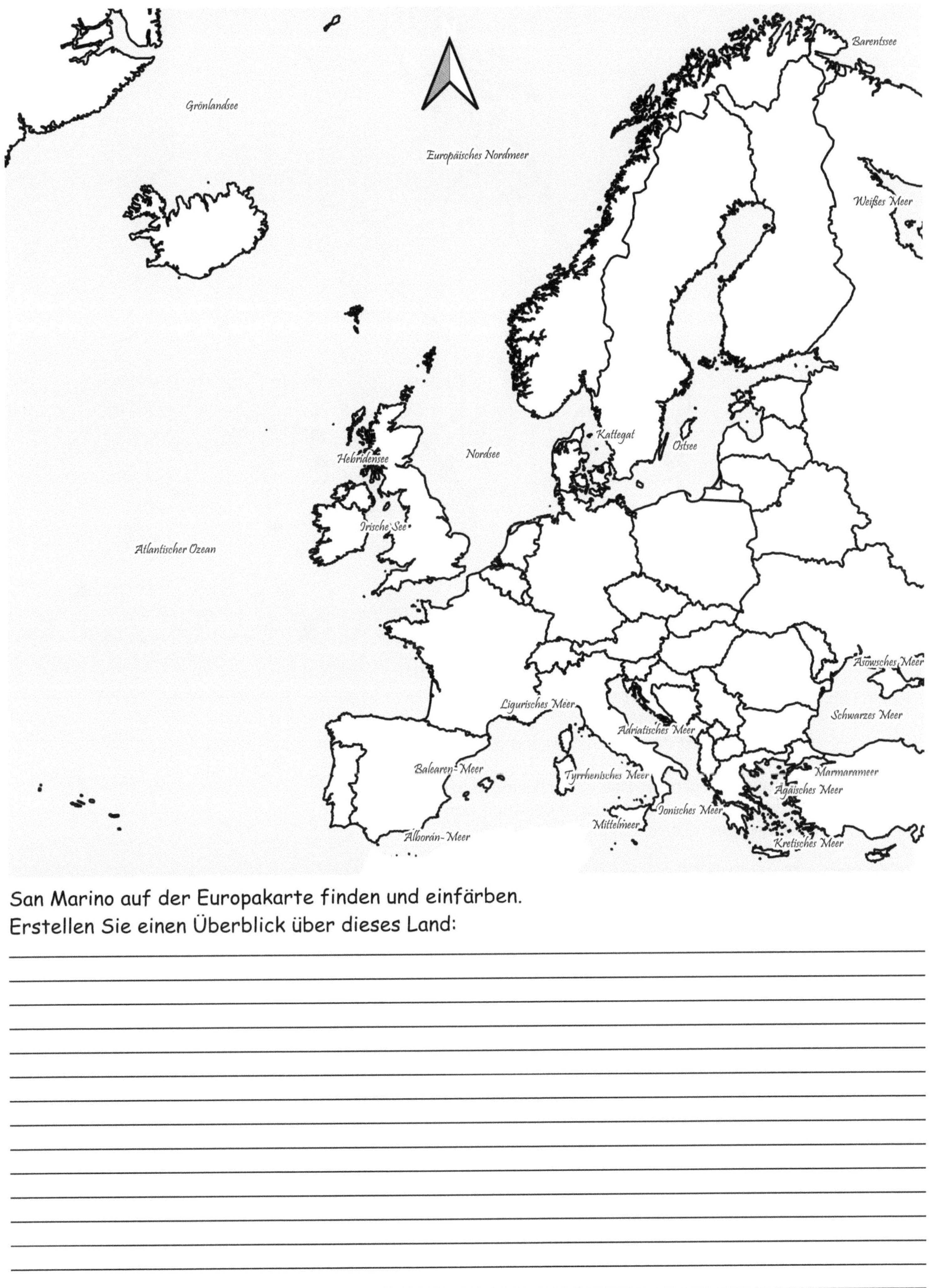

San Marino auf der Europakarte finden und einfärben.
Erstellen Sie einen Überblick über dieses Land:

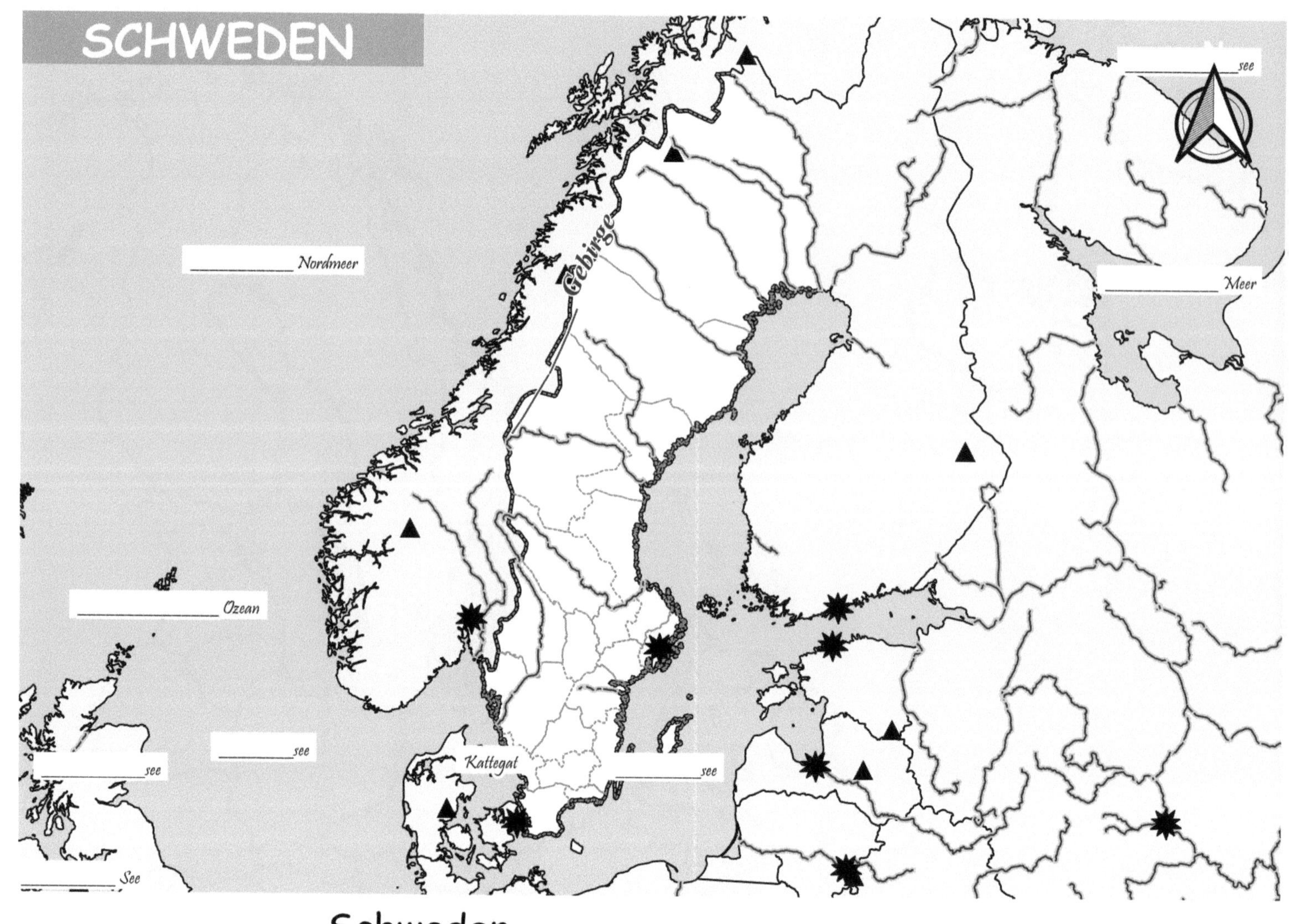

Schweden

ist ein Land in ______________, das an Norwegen im __________,
____________ im Nordosten und an die ____________ und die Nordsee
im ____________ grenzt. Es ist das drittgrößte Land der Europäischen
Union und hat eine Fläche von etwa ______________
Quadratkilometern. Schweden hat eine abwechslungsreiche
Geographie, die von den Tälern und Flüssen des südlichen Landes
bis hin zu den Bergen und Gletschern im Norden reicht.

In Schweden gibt es viele Flüsse und Seen. Der längste Fluss des
Landes ist der ______________, der ______ Kilometer lang ist und in
den Kattegat mündet. Zu den anderen wichtigen Flüssen gehören
der Torne, der ________ und der ________. Es gibt auch Tausende von
Seen in Schweden, darunter der ______________, der größte See des
Landes, und der Vättern, der zweitgrößte See.

Die Bergen in Schweden befinden sich hauptsächlich im ____________
des Landes und sind Teil des skandinavischen Gebirges. Der höchste
Berg Schwedens ist der ______________, der eine Höhe von ________
Metern erreicht. Die Gipfel des Berges bestehen aus ______ und
Schnee und schmelzen im Sommer nur teilweise.

Die Vegetation in Schweden ist sehr vielfältig und reicht von
Laubwäldern im Süden bis hin zu ____________ und Gebirgsheiden
im ____________. Zu den häufigsten Baumarten gehören Birke,
____________ und ____________. Schweden hat auch eine reiche
Tierwelt, zu der Elche, ____________, Bären und ____________ gehören.
In den Wäldern und Seen leben auch viele Vögel und Fische.

Offizielle Sprache: ____________

Fläche in km² : ____________

Einwohnerzahl: ____________

Währung: ____________

Hauptstadt: ____________

Höchster Berg: ____________

Längster Fluss: ____________

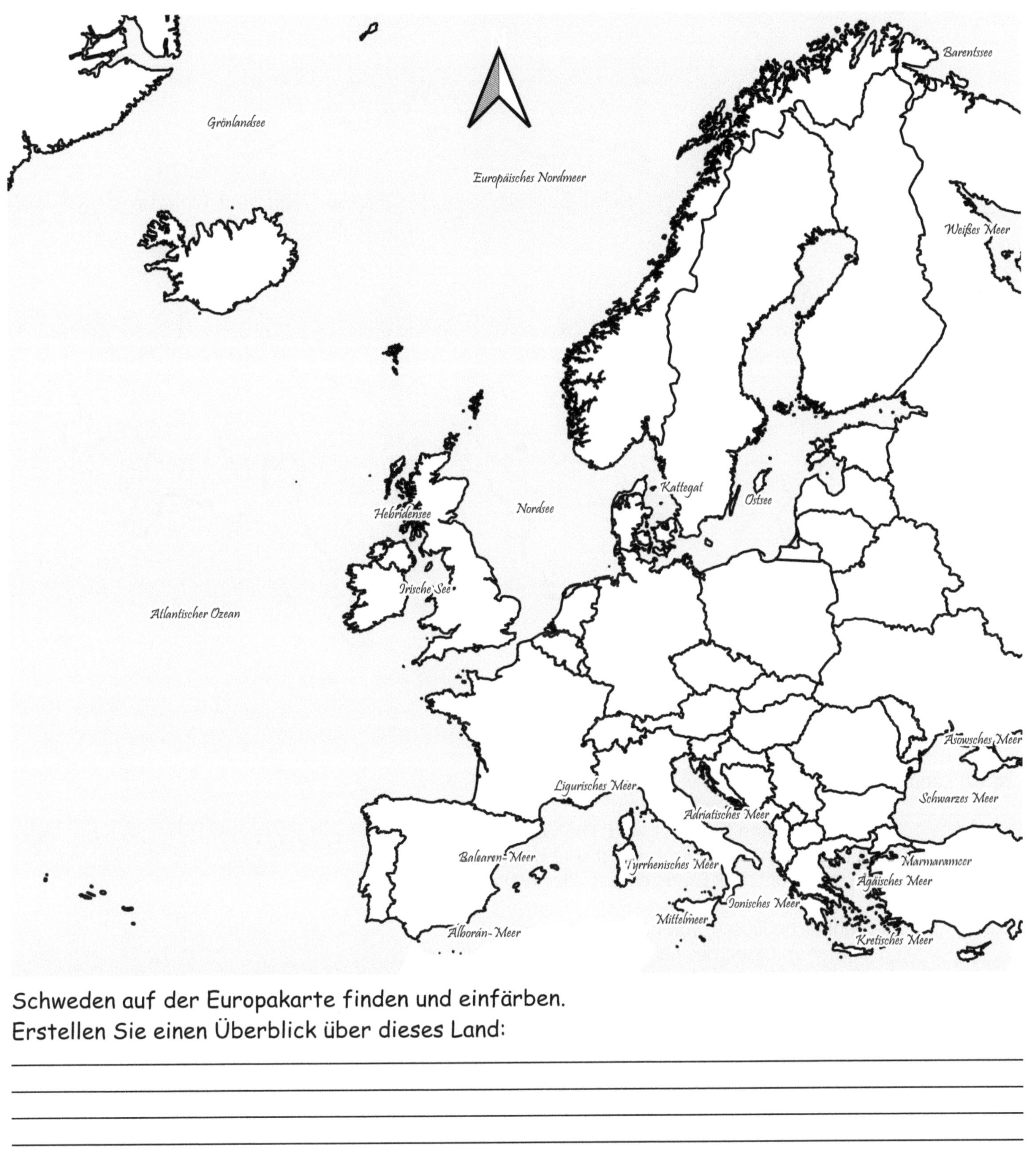

Schweden auf der Europakarte finden und einfärben.
Erstellen Sie einen Überblick über dieses Land:

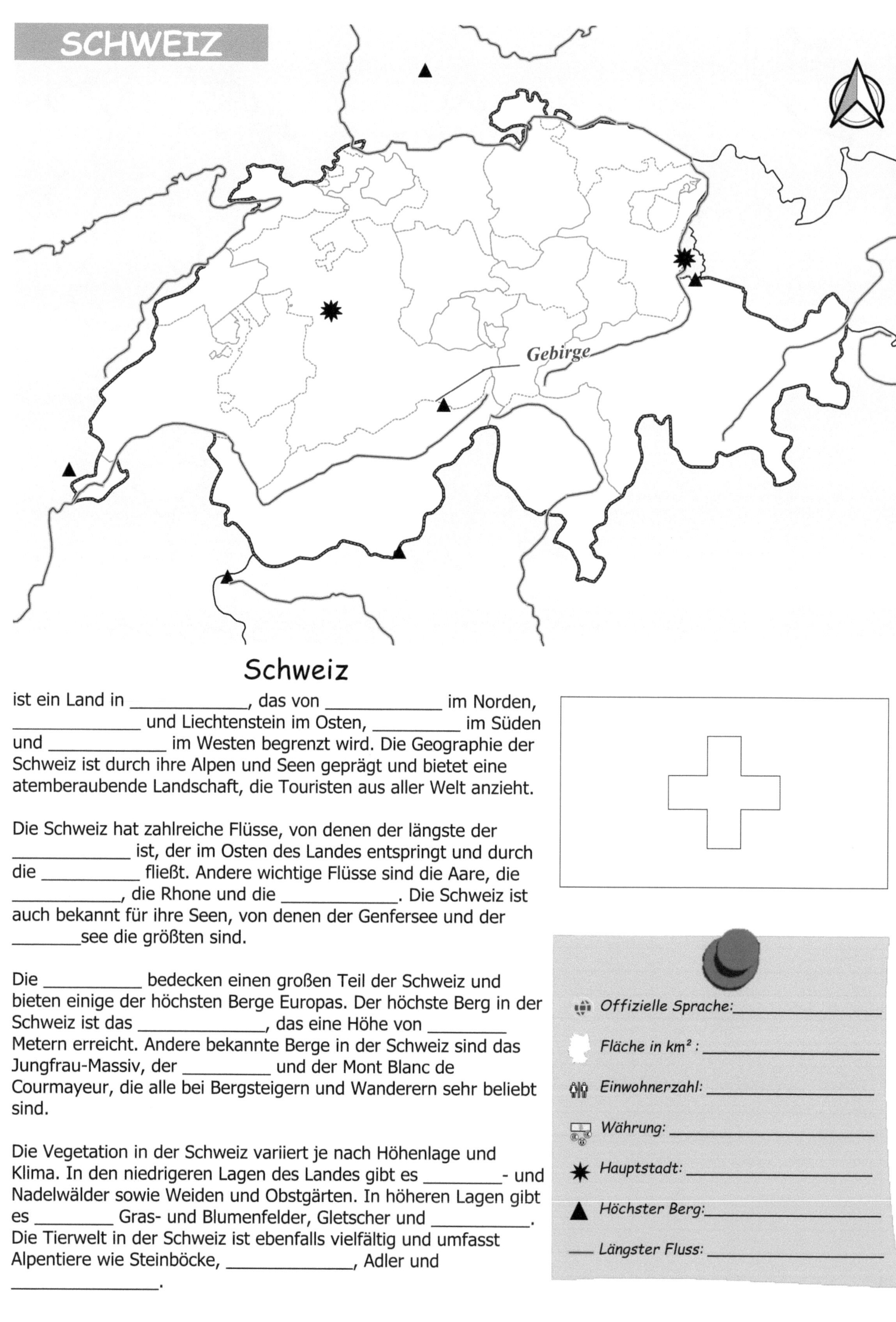

Schweiz

ist ein Land in _____________, das von _____________ im Norden, _____________ und Liechtenstein im Osten, _________ im Süden und _____________ im Westen begrenzt wird. Die Geographie der Schweiz ist durch ihre Alpen und Seen geprägt und bietet eine atemberaubende Landschaft, die Touristen aus aller Welt anzieht.

Die Schweiz hat zahlreiche Flüsse, von denen der längste der _____________ ist, der im Osten des Landes entspringt und durch die _________ fließt. Andere wichtige Flüsse sind die Aare, die _____________, die Rhone und die _____________. Die Schweiz ist auch bekannt für ihre Seen, von denen der Genfersee und der _______see die größten sind.

Die _____________ bedecken einen großen Teil der Schweiz und bieten einige der höchsten Berge Europas. Der höchste Berg in der Schweiz ist das _____________, das eine Höhe von _________ Metern erreicht. Andere bekannte Berge in der Schweiz sind das Jungfrau-Massiv, der _____________ und der Mont Blanc de Courmayeur, die alle bei Bergsteigern und Wanderern sehr beliebt sind.

Die Vegetation in der Schweiz variiert je nach Höhenlage und Klima. In den niedrigeren Lagen des Landes gibt es _________- und Nadelwälder sowie Weiden und Obstgärten. In höheren Lagen gibt es _________ Gras- und Blumenfelder, Gletscher und _____________. Die Tierwelt in der Schweiz ist ebenfalls vielfältig und umfasst Alpentiere wie Steinböcke, _____________, Adler und _____________.

Offizielle Sprache:_____________

Fläche in km² : _____________

Einwohnerzahl: _____________

Währung: _____________

Hauptstadt: _____________

Höchster Berg:_____________

___ Längster Fluss: _____________

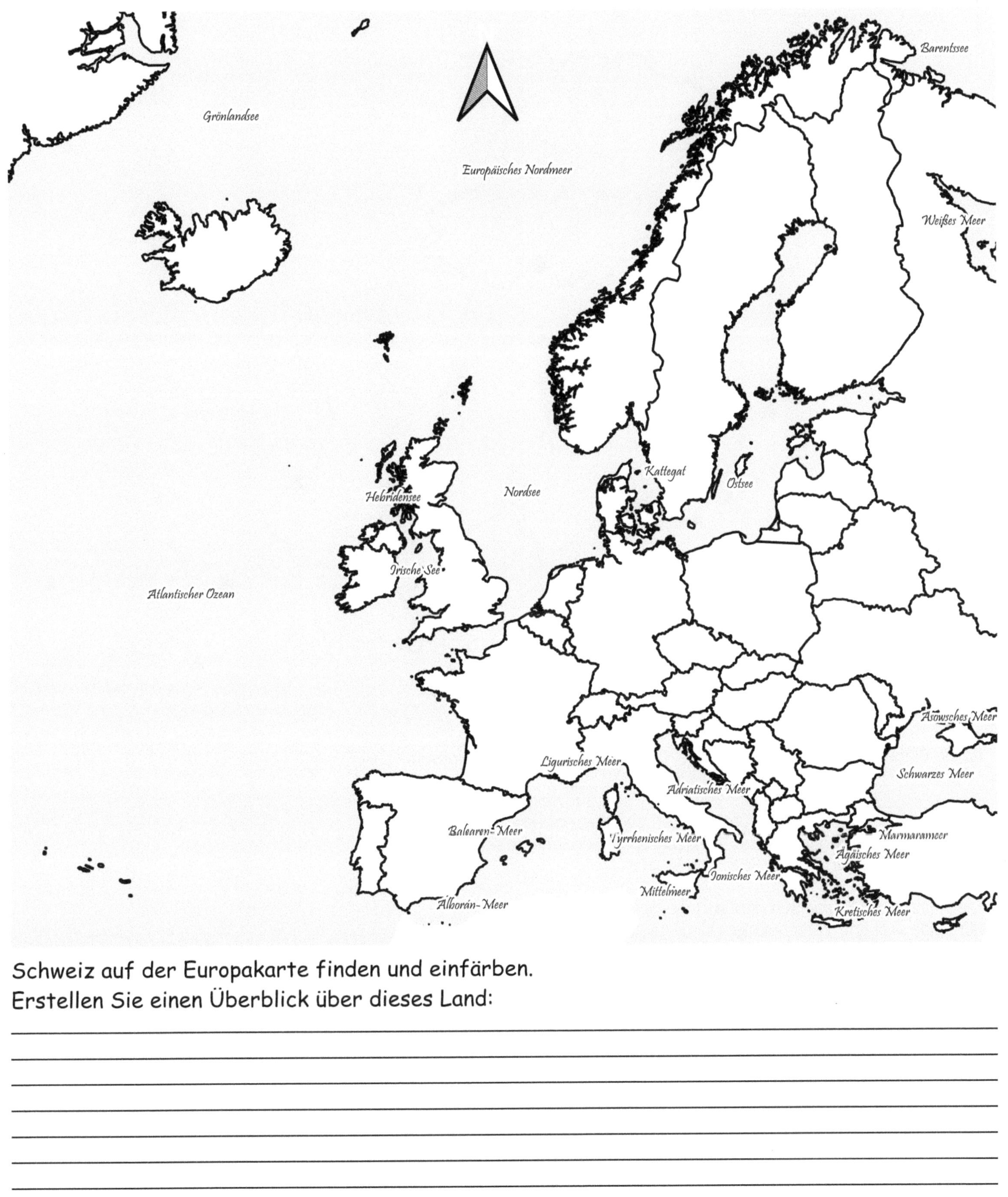

Schweiz auf der Europakarte finden und einfärben.
Erstellen Sie einen Überblick über dieses Land:

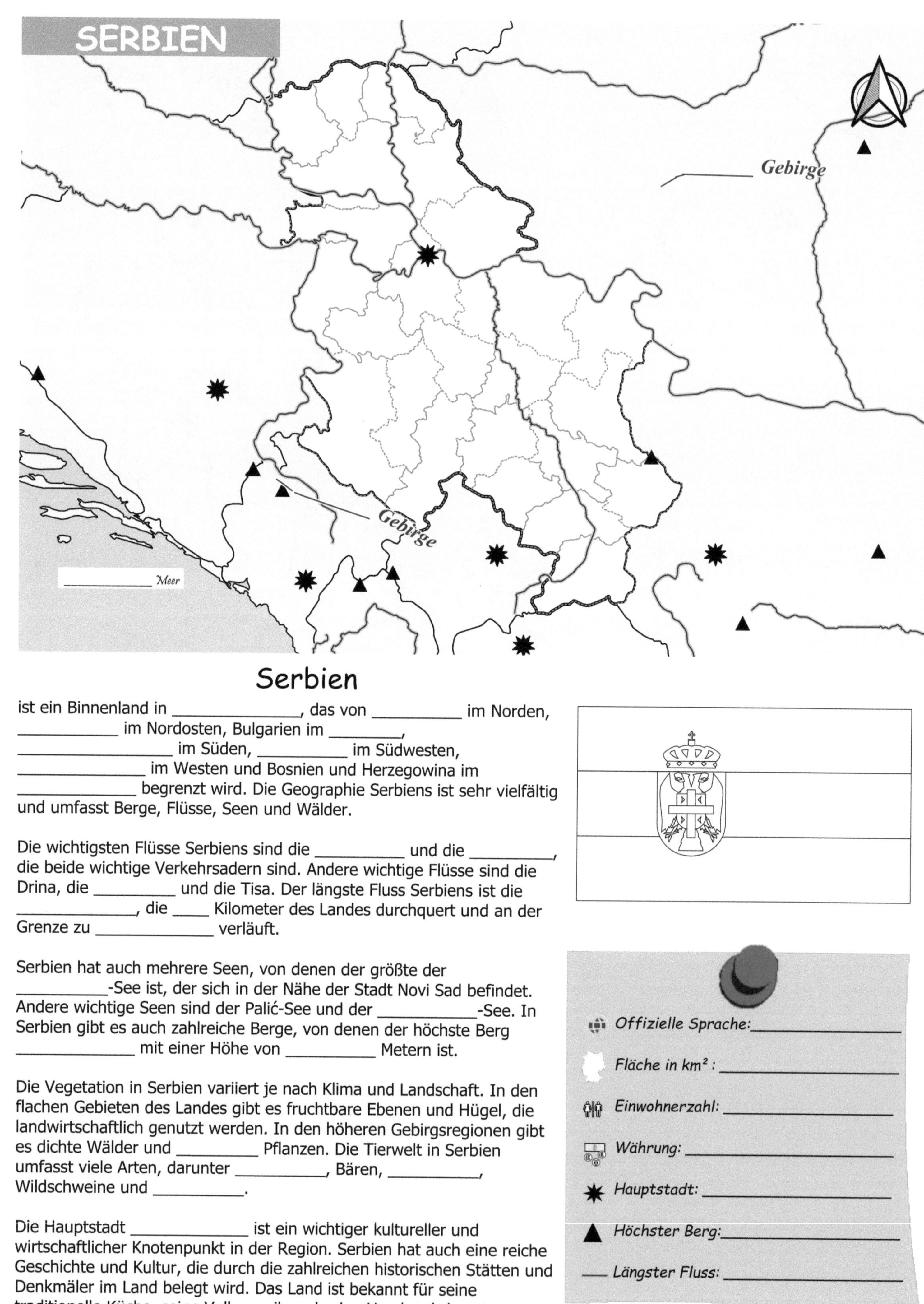

Serbien

ist ein Binnenland in ______________, das von __________ im Norden, __________ im Nordosten, Bulgarien im ________, ______________ im Süden, __________ im Südwesten, ______________ im Westen und Bosnien und Herzegowina im ____________ begrenzt wird. Die Geographie Serbiens ist sehr vielfältig und umfasst Berge, Flüsse, Seen und Wälder.

Die wichtigsten Flüsse Serbiens sind die __________ und die __________, die beide wichtige Verkehrsadern sind. Andere wichtige Flüsse sind die Drina, die __________ und die Tisa. Der längste Fluss Serbiens ist die ______________, die _____ Kilometer des Landes durchquert und an der Grenze zu ____________ verläuft.

Serbien hat auch mehrere Seen, von denen der größte der __________-See ist, der sich in der Nähe der Stadt Novi Sad befindet. Andere wichtige Seen sind der Palić-See und der __________-See. In Serbien gibt es auch zahlreiche Berge, von denen der höchste Berg ______________ mit einer Höhe von __________ Metern ist.

Die Vegetation in Serbien variiert je nach Klima und Landschaft. In den flachen Gebieten des Landes gibt es fruchtbare Ebenen und Hügel, die landwirtschaftlich genutzt werden. In den höheren Gebirgsregionen gibt es dichte Wälder und __________ Pflanzen. Die Tierwelt in Serbien umfasst viele Arten, darunter __________, Bären, __________, Wildschweine und __________.

Die Hauptstadt ______________ ist ein wichtiger kultureller und wirtschaftlicher Knotenpunkt in der Region. Serbien hat auch eine reiche Geschichte und Kultur, die durch die zahlreichen historischen Stätten und Denkmäler im Land belegt wird. Das Land ist bekannt für seine traditionelle Küche, seine Volksmusik und seine Handwerkskunst.

Offizielle Sprache:________________

Fläche in km² : ________________

Einwohnerzahl: ________________

Währung: ________________

Hauptstadt: ________________

Höchster Berg:________________

Längster Fluss: ________________

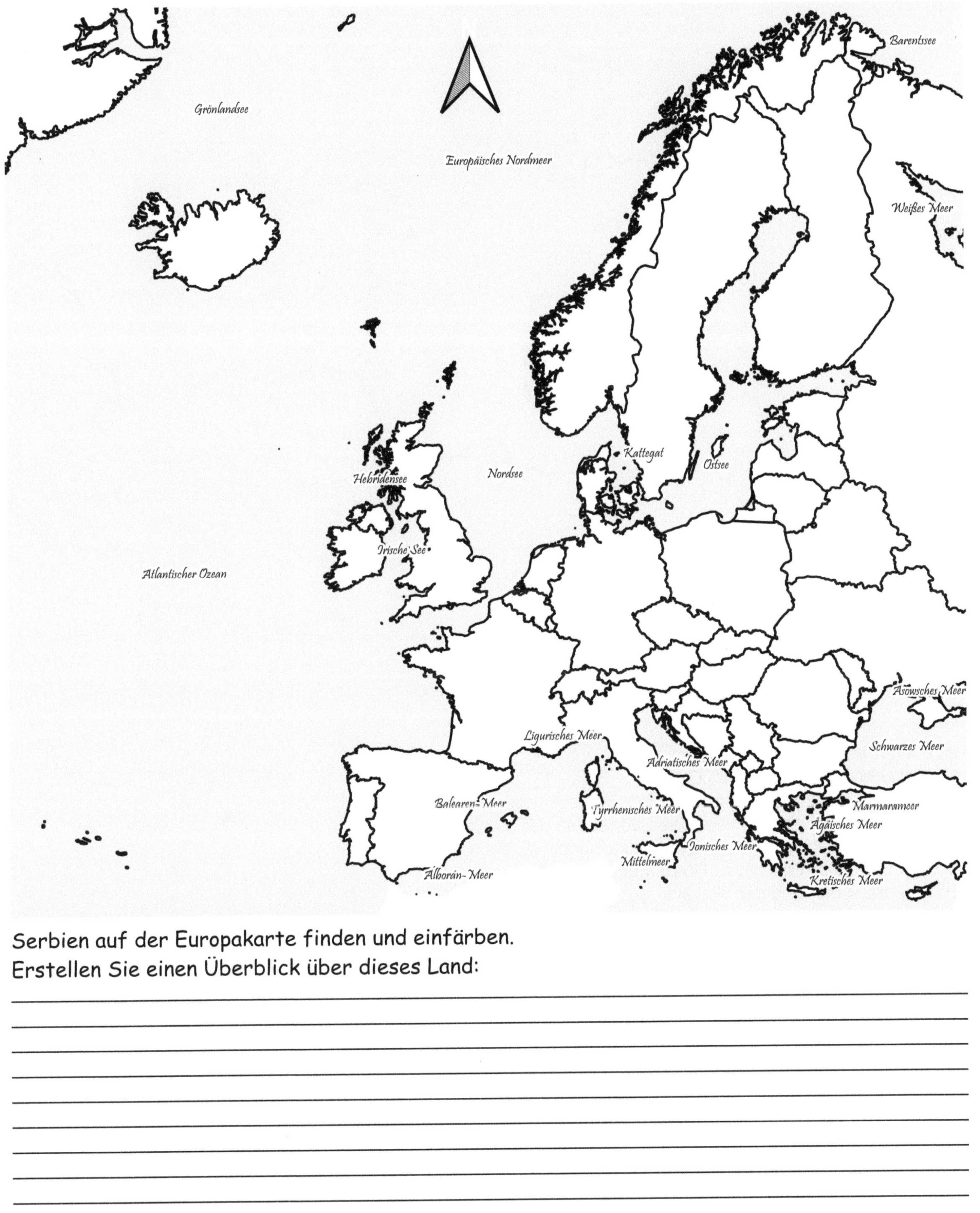

Serbien auf der Europakarte finden und einfärben.
Erstellen Sie einen Überblick über dieses Land:

____________ Gebirge

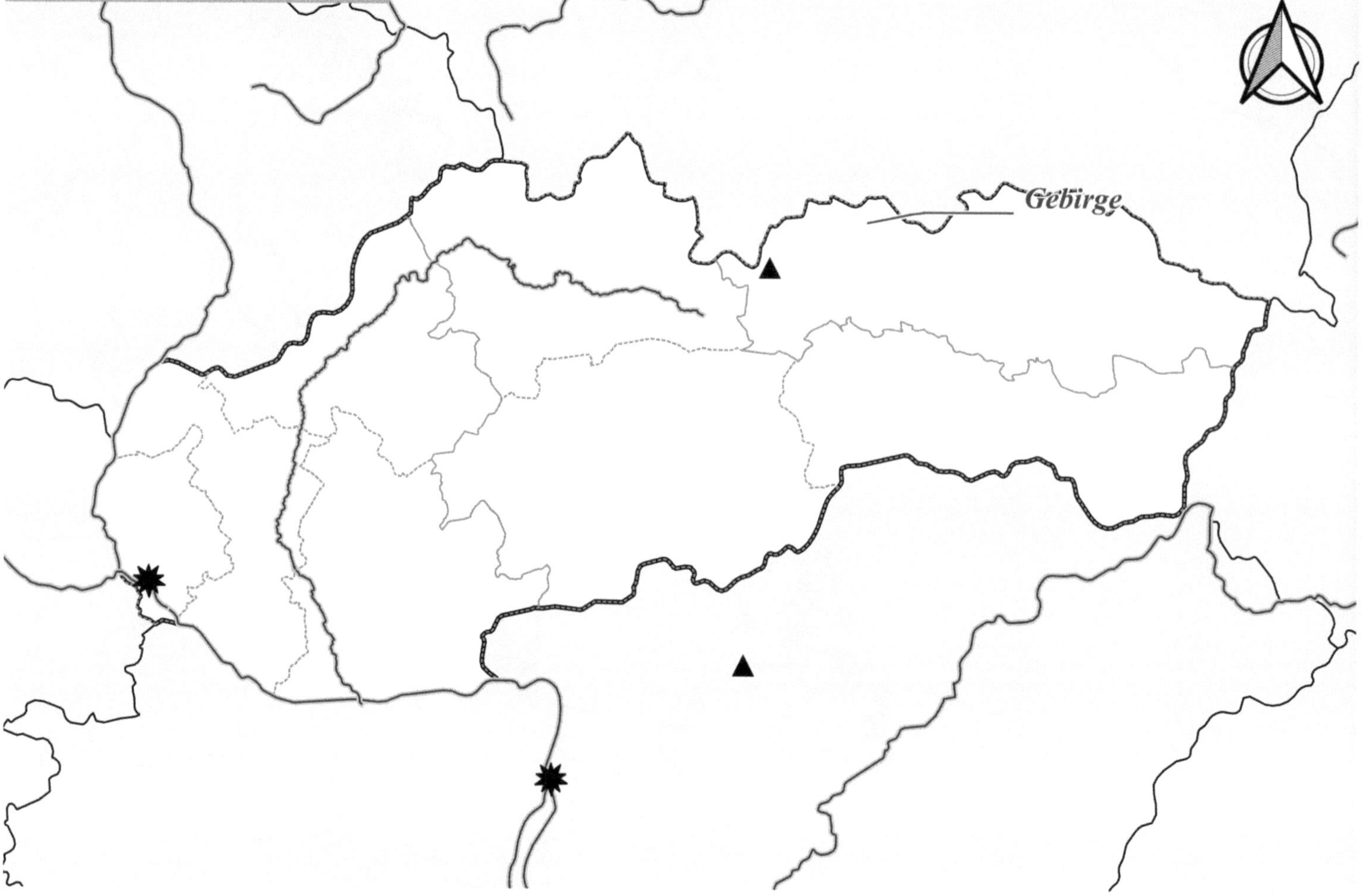

Slowakei

ist ein Binnenland in ______________, das von __________ im Norden, der ____________ im Osten, _____________ im Süden, ______________ im Südwesten und der Tschechischen Republik im ______________ begrenzt wird. Die Geographie der Slowakei ist durch eine abwechslungsreiche Landschaft geprägt, die von hohen Bergen und Tälern bis hin zu Flüssen und Seen reicht.
Die höchste Erhebung der Slowakei ist der Berg ____________________ mit einer Höhe von ______ Metern, der sich in den Hohen Tatra befindet. Die Karpaten, zu denen auch die Hohe Tatra gehört, sind das größte Gebirge in der Slowakei und erstrecken sich über den Großteil des Landes. In der Slowakei gibt es auch viele andere Gebirge, wie die Niedere __________, die Kleine Fatra und die ______________.
Die wichtigsten Flüssen der Slowakei sind die __________, die Waag, die _________ und die Theiß. Der längste Fluss, der vollständig auf slowakischem Gebiet fließt, ist die _________ mit einer Länge von _______ Kilometern. Die Waag entspringt in der Niederen Tatra und fließt durch mehrere Regionen der Slowakei, bevor sie schließlich bei Komárno in die _____________ mündet. Es gibt auch viele Seen in der Slowakei, darunter der ____________________ und der Oravská priehrada.
Die Vegetation in der Slowakei ist sehr vielfältig und umfasst dichte Wälder, offene Wiesen und alpine _____________ in den Hochgebirgen. Die Fauna umfasst viele Arten, darunter ____________, Bären, _____________, Wildschweine und ____________. Es gibt auch viele Vogelarten und andere Kleintiere, die in den verschiedenen Ökosystemen des Landes leben.

Offizielle Sprache: __________________

Fläche in km² : __________________

Einwohnerzahl: __________________

Währung: __________________

Hauptstadt: __________________

Höchster Berg: __________________

Längster Fluss: __________________

Slowakei auf der Europakarte finden und einfärben.
Erstellen Sie einen Überblick über dieses Land:

Slowenien

ist ein kleines Land in Mitteleuropa, das an ______________,
______________, Ungarn und ______________ grenzt. Es hat eine
Fläche von etwa ________ Quadratkilometern und eine Bevölkerung
von etwa __ Millionen Menschen.

Die geographische Lage von Slowenien ist sehr abwechslungsreich.
Das Land hat Anteile an den ____________, der Pannonischen Ebene
und der ______küste. Der höchste Berg Sloweniens ist der
______________, der sich in den Julischen Alpen befindet und eine
Höhe von ________ Metern hat. Der längste Fluss in Slowenien ist
die ________, die auch durch Kroatien fließt. Der Fluss entspringt in
den ______________ Alpen und fließt durch die Hauptstadt
______________ und mündet schließlich in die ______________.

Slowenien hat viele Flüsse und Seen. Einige der wichtigsten Flüsse
neben der Save sind die ________, die Mur und die ________. Der
größte See des Landes ist der ______________ See in den Julischen
Alpen. Es gibt auch viele kleinere Seen wie den Bleder See, der
sehr malerisch ist.

Slowenien hat eine reichhaltige Vegetation, die von Gebirgswiesen
und Wäldern bis hin zu mediterranen Sträuchern und
______________ reicht. Die Tierwelt umfasst viele Arten von
Säugetieren wie ______________, Luchsen, ______________ und
Wildschweinen sowie eine Vielzahl von Vogelarten wie Steinadlern,
______________ und Raufußkauzen.

Offizielle Sprache: ______________

Fläche in km² : ______________

Einwohnerzahl: ______________

Währung: ______________

Hauptstadt: ______________

Höchster Berg: ______________

Längster Fluss: ______________

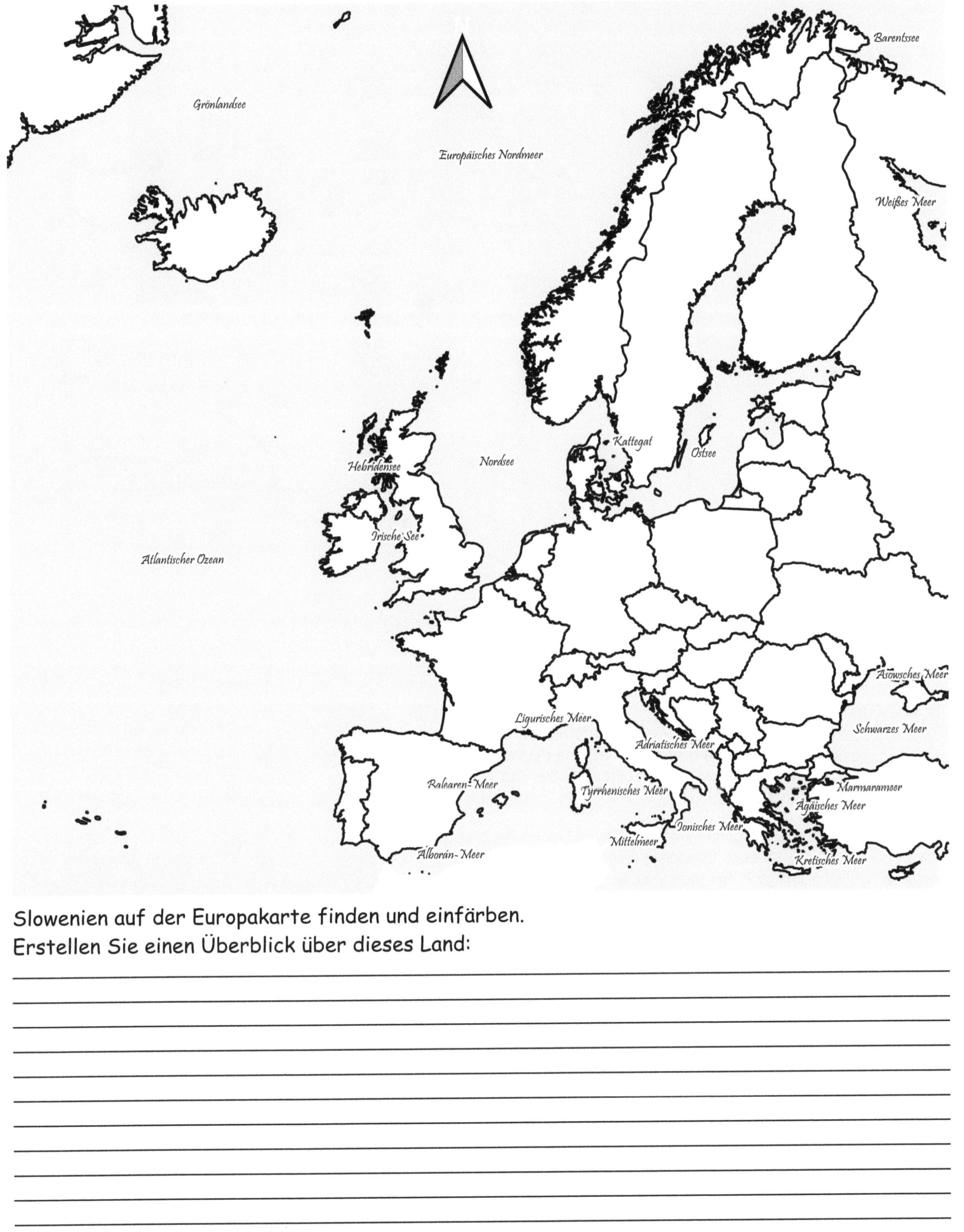

Slowenien auf der Europakarte finden und einfärben.
Erstellen Sie einen Überblick über dieses Land:

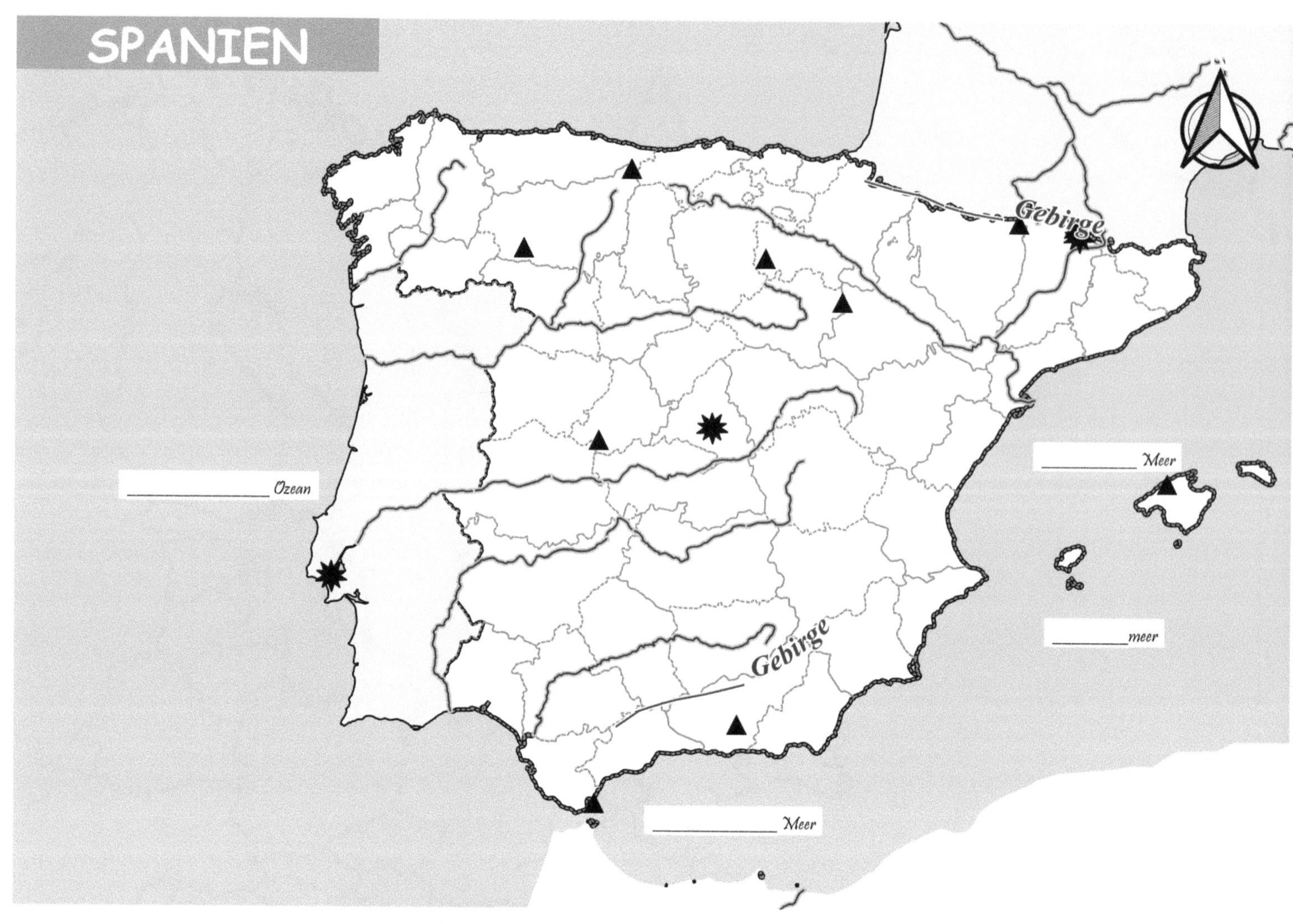

Spanien

ist ein südeuropäisches Land auf der _____________ Halbinsel, das an
_______________ im Westen, _____________ und Andorra im Norden und an
das ______________ im Osten grenzt. Es hat eine Fläche von rund
_______________ Quadratkilometern und eine Bevölkerung von etwa _____
Millionen Menschen.

Die geographische Lage Spaniens ist sehr abwechslungsreich und umfasst
sowohl Gebirgszüge als auch Ebenen, Küstengebiete und __________. Die
wichtigsten Gebirgszüge in Spanien sind die _____________, die die
Grenze zu Frankreich bilden, und die Sierra ___________ im Süden des
Landes. Der höchste Berg Spaniens ist der __________________ auf
der Insel Teneriffa mit einer Höhe von _________ Metern über dem
Meeresspiegel.

Spanien hat viele Flüsse, darunter der längste Fluss der Halbinsel, der
______ ______, der in den _____________ entspringt und durch
Nordostspanien bis zum _______________ fließt. Andere wichtige Flüsse in
Spanien sind der Rio Tajo, der durch _____________ fließt, und der
________________, der durch Andalusien fließt und in den Atlantik mündet.

Spanien hat auch viele Seen, darunter der Estany de Banyoles in
Katalonien und der ____________________ in Kastilien-La Mancha. Es
gibt auch viele Stauseen wie den Embalse de Alqueva in _______________
und den Embalse de Entrepeñas in Kastilien-La Mancha.

Die Vegetation in Spanien variiert je nach Region. Im Norden des Landes
gibt es viele Wälder und in den südlichen Regionen sind Olivenbäume,
_______________ und ______________ häufig anzutreffen. Spanien hat
auch eine reichhaltige Tierwelt, darunter Säugetiere wie _______________,
Wölfe, _______________ und Rehe sowie viele Vogelarten wie Geier,
___________ und ____________.

Offizielle Sprache:_______________

Fläche in km² : _______________

Einwohnerzahl: _______________

Währung: _______________

Hauptstadt: _______________

Höchster Berg:_______________

Längster Fluss:_______________

Spanien auf der Europakarte finden und einfärben.
Erstellen Sie einen Überblick über dieses Land:

____
____
____
____
____
____
____
____
____
____
____
____
____
____
____
____
____

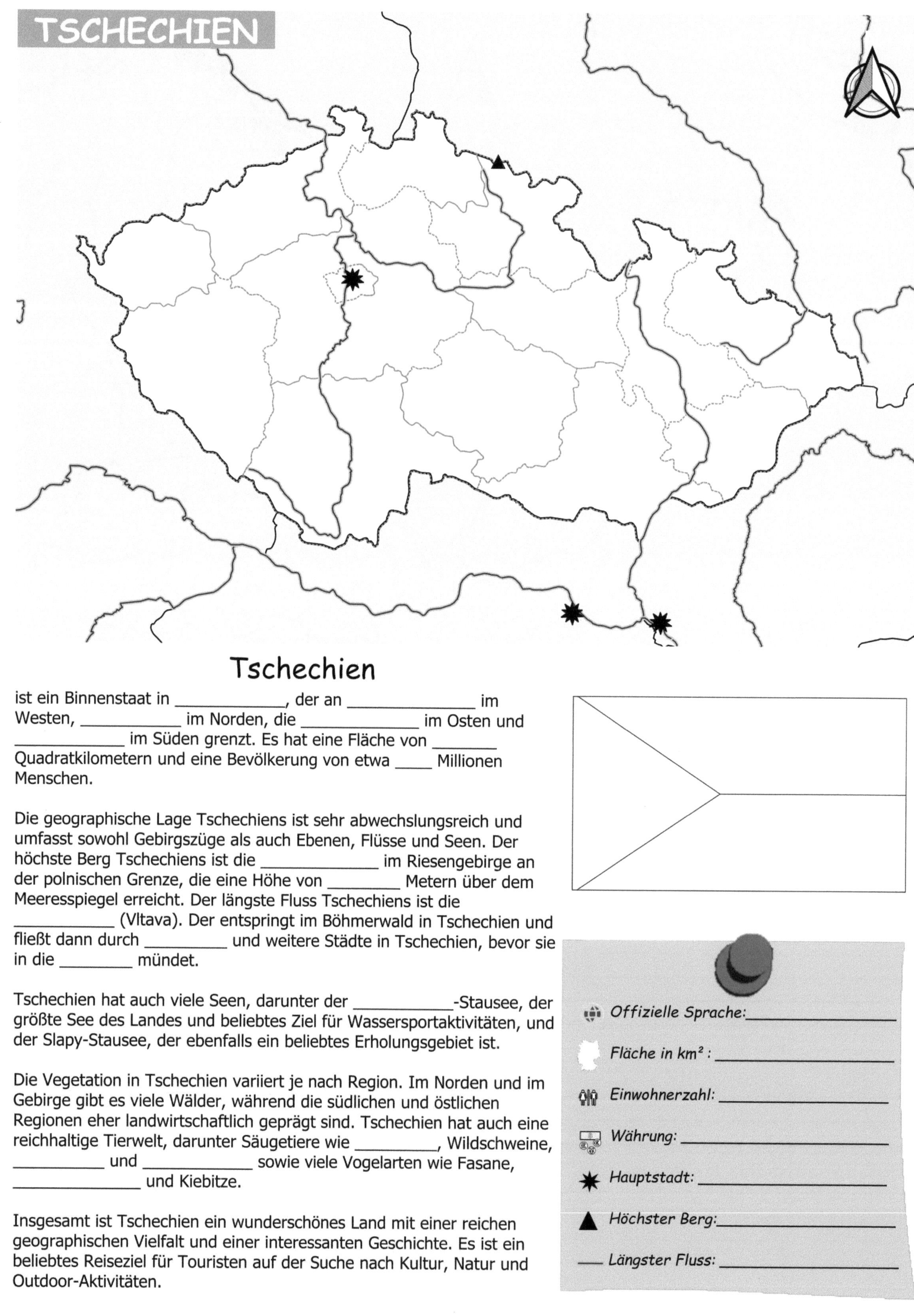

Tschechien

ist ein Binnenstaat in _____________, der an _______________ im Westen, ____________ im Norden, die _______________ im Osten und ______________ im Süden grenzt. Es hat eine Fläche von ________ Quadratkilometern und eine Bevölkerung von etwa _____ Millionen Menschen.

Die geographische Lage Tschechiens ist sehr abwechslungsreich und umfasst sowohl Gebirgszüge als auch Ebenen, Flüsse und Seen. Der höchste Berg Tschechiens ist die _______________ im Riesengebirge an der polnischen Grenze, die eine Höhe von _________ Metern über dem Meeresspiegel erreicht. Der längste Fluss Tschechiens ist die ______________ (Vltava). Der entspringt im Böhmerwald in Tschechien und fließt dann durch ___________ und weitere Städte in Tschechien, bevor sie in die _________ mündet.

Tschechien hat auch viele Seen, darunter der ______________-Stausee, der größte See des Landes und beliebtes Ziel für Wassersportaktivitäten, und der Slapy-Stausee, der ebenfalls ein beliebtes Erholungsgebiet ist.

Die Vegetation in Tschechien variiert je nach Region. Im Norden und im Gebirge gibt es viele Wälder, während die südlichen und östlichen Regionen eher landwirtschaftlich geprägt sind. Tschechien hat auch eine reichhaltige Tierwelt, darunter Säugetiere wie __________, Wildschweine, ___________ und ______________ sowie viele Vogelarten wie Fasane, ______________ und Kiebitze.

Insgesamt ist Tschechien ein wunderschönes Land mit einer reichen geographischen Vielfalt und einer interessanten Geschichte. Es ist ein beliebtes Reiseziel für Touristen auf der Suche nach Kultur, Natur und Outdoor-Aktivitäten.

Offizielle Sprache:____________________

Fläche in km² : ____________________

Einwohnerzahl: ____________________

Währung: ____________________

Hauptstadt:____________________

Höchster Berg:____________________

Längster Fluss: ____________________

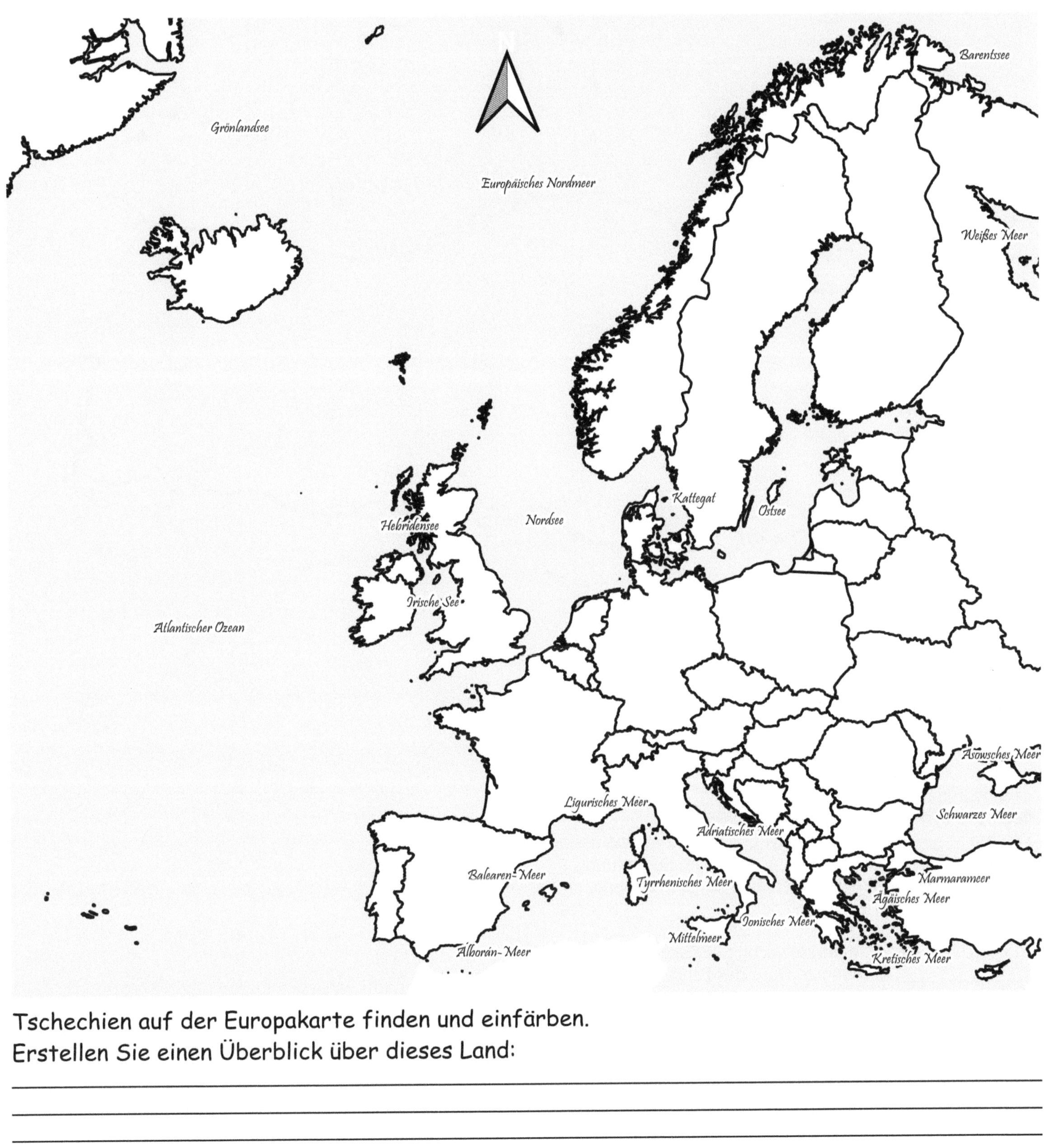

Tschechien auf der Europakarte finden und einfärben.
Erstellen Sie einen Überblick über dieses Land:

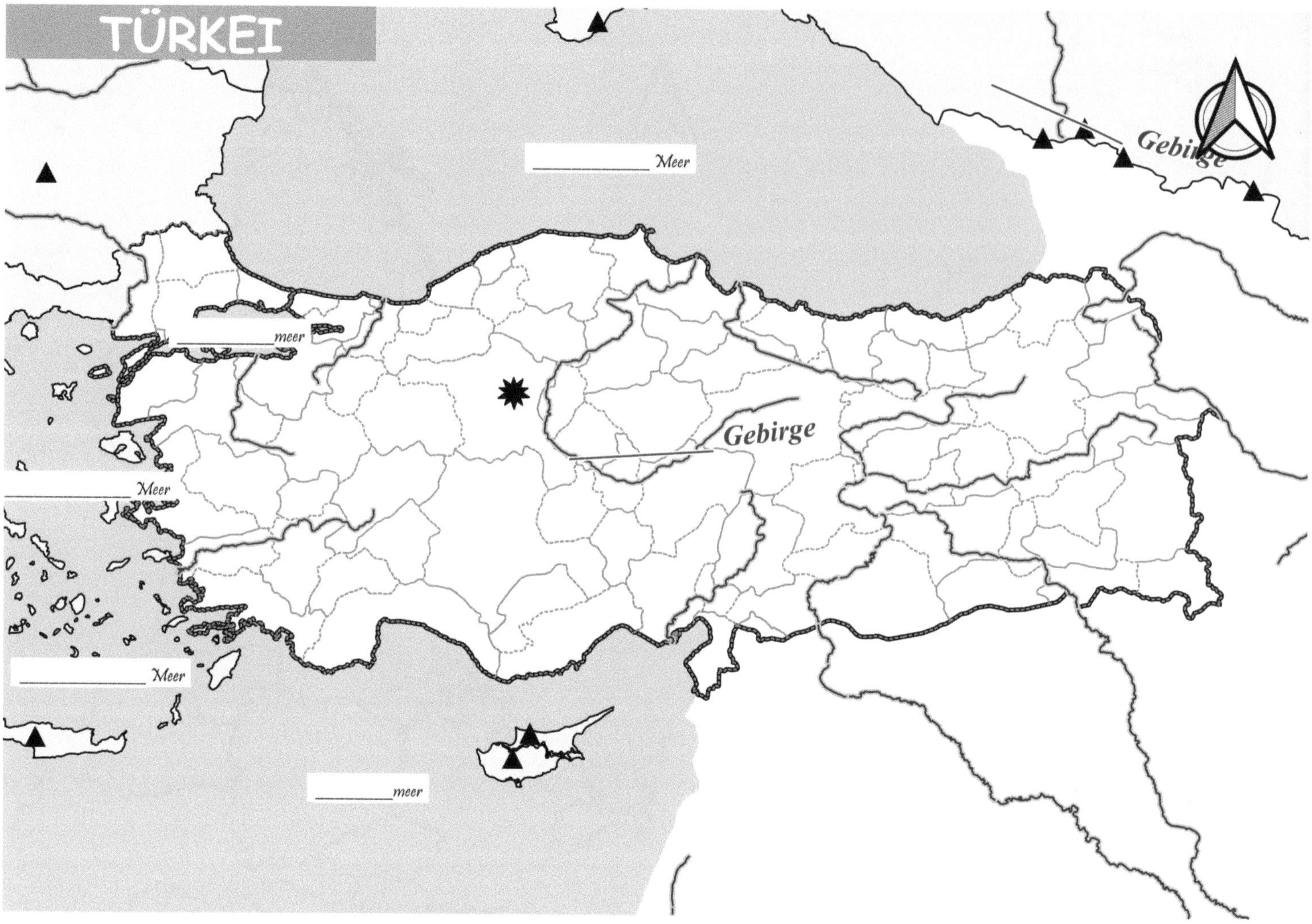

Meer

meer

Gebirge

Meer

Meer

meer

Gebirge

Türkei

ist ein Land in Eurasien, das sowohl in ____________ als auch in ________ liegt. Die Türkei grenzt an acht Länder: ____________ und Bulgarien im Westen, ____________, ____________ und Aserbaidschan im Osten, den _________ im Südosten, den ________ im Süden und ___________ im Südwesten. Die Türkei hat auch eine lange Küste entlang des ____________, der Ägäis und des ____________ Meeres.

In der Türkei gibt es mehrere wichtige Flüsse, darunter der ______________, der längste Fluss des Landes, der im __________ der Türkei entspringt und ins ____________ Meer fließt. Andere wichtige Flüsse sind der ____________, der im Nordwesten der Türkei entspringt und ebenfalls ins Schwarze Meer fließt, und der Euphrat und der __________, die im Südosten der Türkei entspringen und durch den Nahen Osten fließen.

Es gibt auch mehrere Seen in der Türkei, darunter der ________-See, der größte See des Landes, der im Osten der Türkei liegt und von Bergen umgeben ist. Andere wichtige Seen sind der Tuz-See, der Salzsee, und der ____________-See, der größte Süßwassersee der Türkei.

Die Türkei hat auch viele Berge, einschließlich des Taurus-Gebirges, das sich entlang der ____küste der Türkei erstreckt, und des Pontischen Gebirges, das sich entlang der nördlichen Küste erstreckt. Der höchste Berg der Türkei ist der ____________, ein inaktiver Vulkan an der Grenze zu ____________, der ________ Meter hoch ist.

Die Vegetation in der Türkei variiert je nach geografischer Lage und Klima. Im Norden der Türkei gibt es dichte Wälder, während im Süden und Osten der Türkei Halbwüsten und ____________ vorherrschen. Die Tierwelt in der Türkei ist ebenfalls vielfältig und umfasst Bären, ____________, Luchse, Wildschweine und ____________, unter anderem.

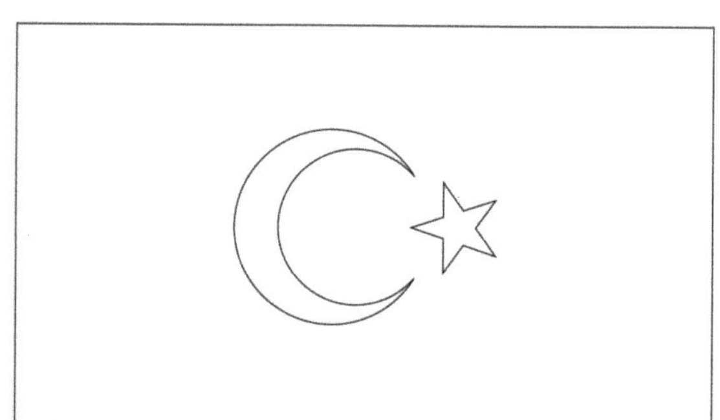

Offizielle Sprache:____________________

Fläche in km² : ____________________

Einwohnerzahl: ____________________

Währung: ____________________

Hauptstadt: ____________________

Höchster Berg:____________________

____ Längster Fluss: ____________________

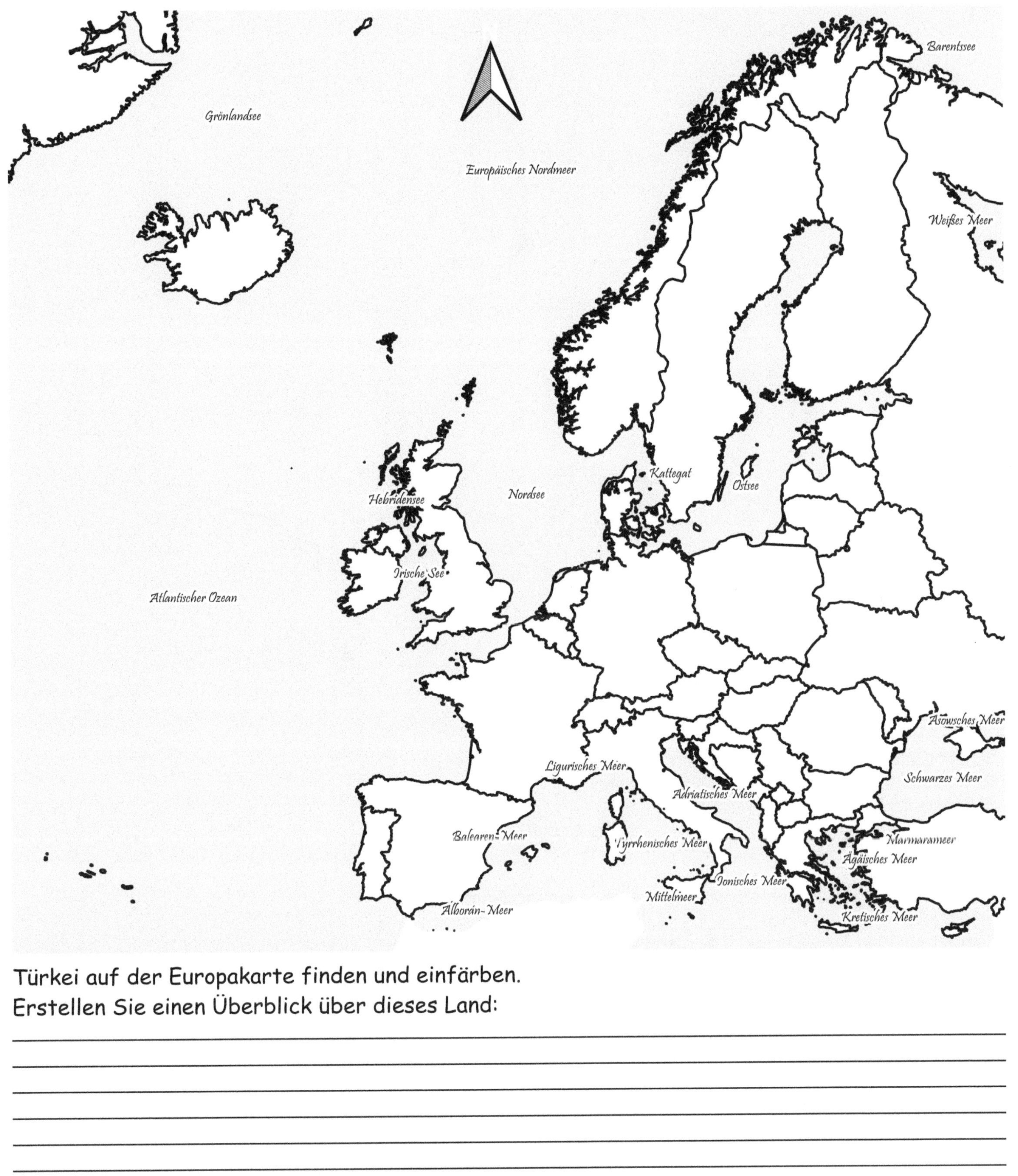

Türkei auf der Europakarte finden und einfärben.
Erstellen Sie einen Überblick über dieses Land:

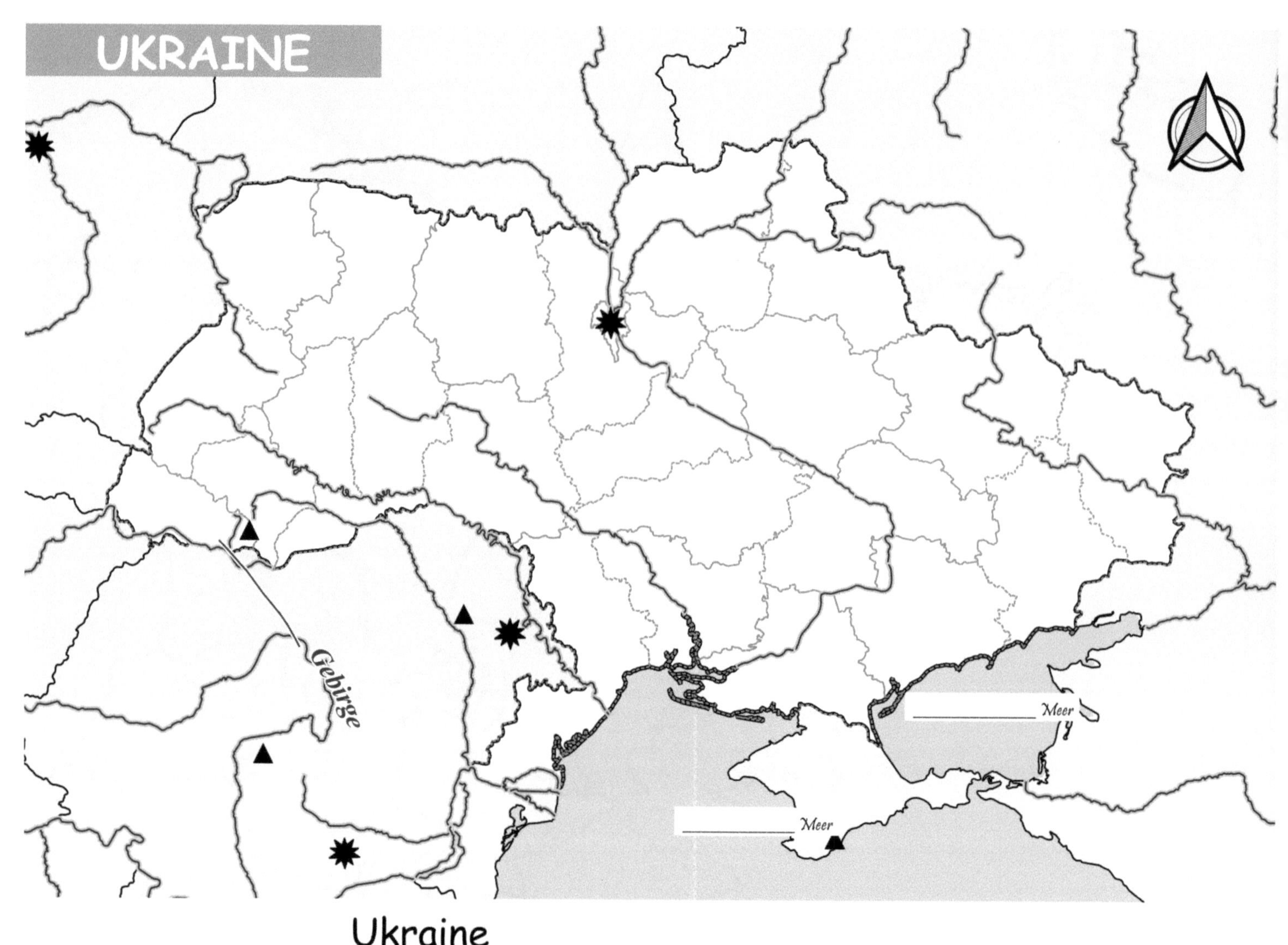

Ukraine

ist ein Land in _____________ und liegt im Zentrum des europäischen Kontinents. Die Ukraine grenzt an sieben Länder: _____________, die Slowakei und _____________ im Westen, _____________ und Moldawien im Südwesten, _____________ im Osten und _____________ im Norden.

In der Ukraine gibt es mehrere wichtige Flüsse, darunter den Dnister, den Südlichen Bug und den _________, den längsten Fluss des Landes, der von Russland durch die Ukraine fließt und ins _____________ Meer mündet. Die Ukraine hat auch mehrere Seen, darunter den _____________-See im Osten und den Jasielsko-Sanockie-See im Südwesten.

Es gibt auch mehrere Gebirge in der Ukraine, darunter die _____________ im Westen, die eine wichtige Rolle bei der Bestimmung der klimatischen Bedingungen in der Ukraine spielen. Der höchste Berg der Ukraine ist der _____________, der _________ Meter hoch ist.

Die Vegetation in der Ukraine variiert je nach geografischer Lage und Klima. Im Westen gibt es dichte Wälder und im Osten dominieren _____________. Die Tierwelt in der Ukraine ist ebenfalls vielfältig und umfasst Wölfe, _____________, _____________, Wildschweine und _____________, unter anderem.

Die Ukraine hat auch eine lange Küste am _____________ Meer im Süden des Landes, die beliebte Touristenziele wie Odessa und die _________ umfasst. Der Krim-Konflikt hat jedoch zu Spannungen zwischen der Ukraine und Russland geführt, die die Kontrolle über die Krim beansprucht.

Offizielle Sprache: _____________

Fläche in km² : _____________

Einwohnerzahl: _____________

Währung: _____________

Hauptstadt: _____________

Höchster Berg: _____________

Längster Fluss: _____________

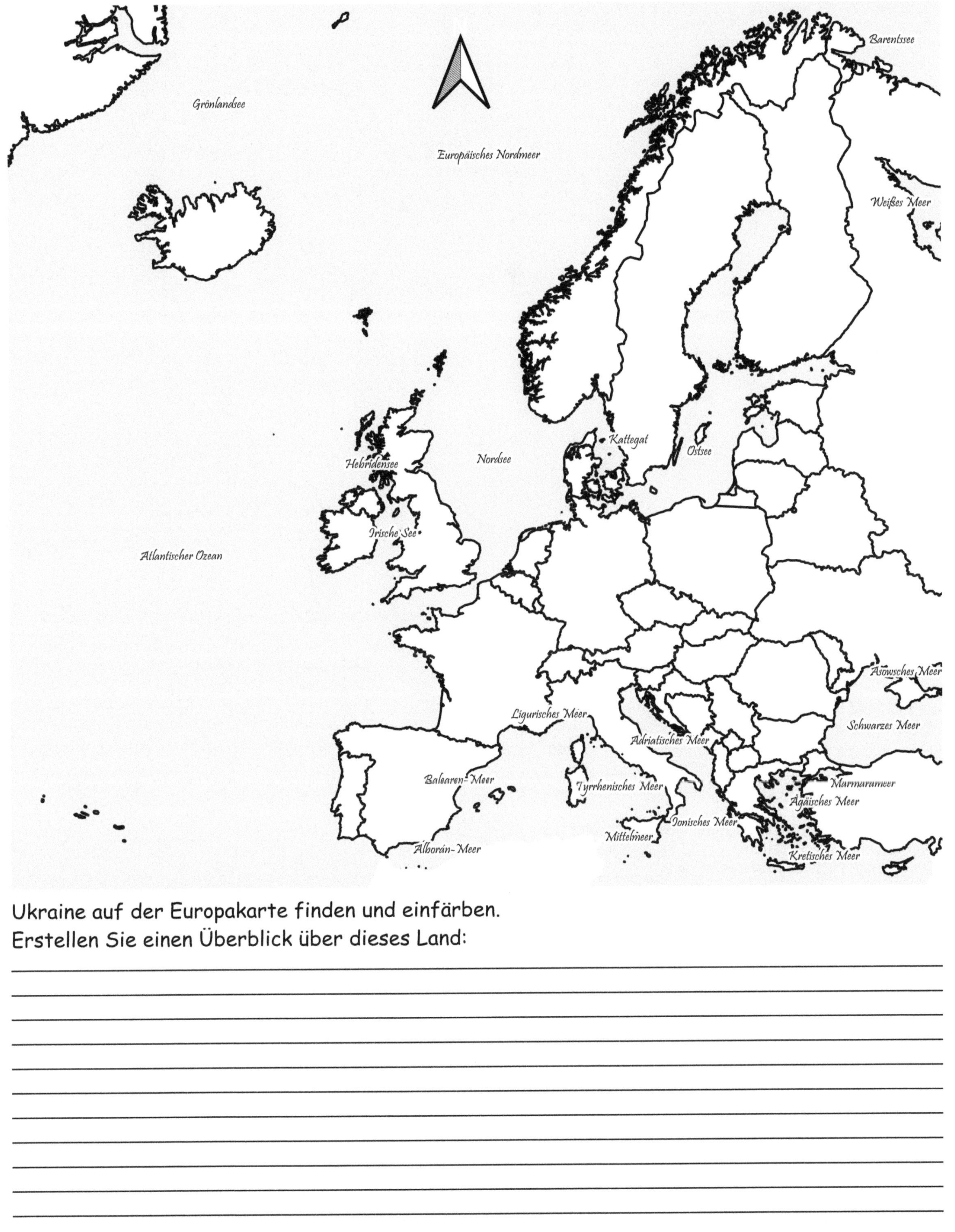

Ukraine auf der Europakarte finden und einfärben.
Erstellen Sie einen Überblick über dieses Land:

____
____
____
____
____
____
____
____
____
____
____
____
____
____
____

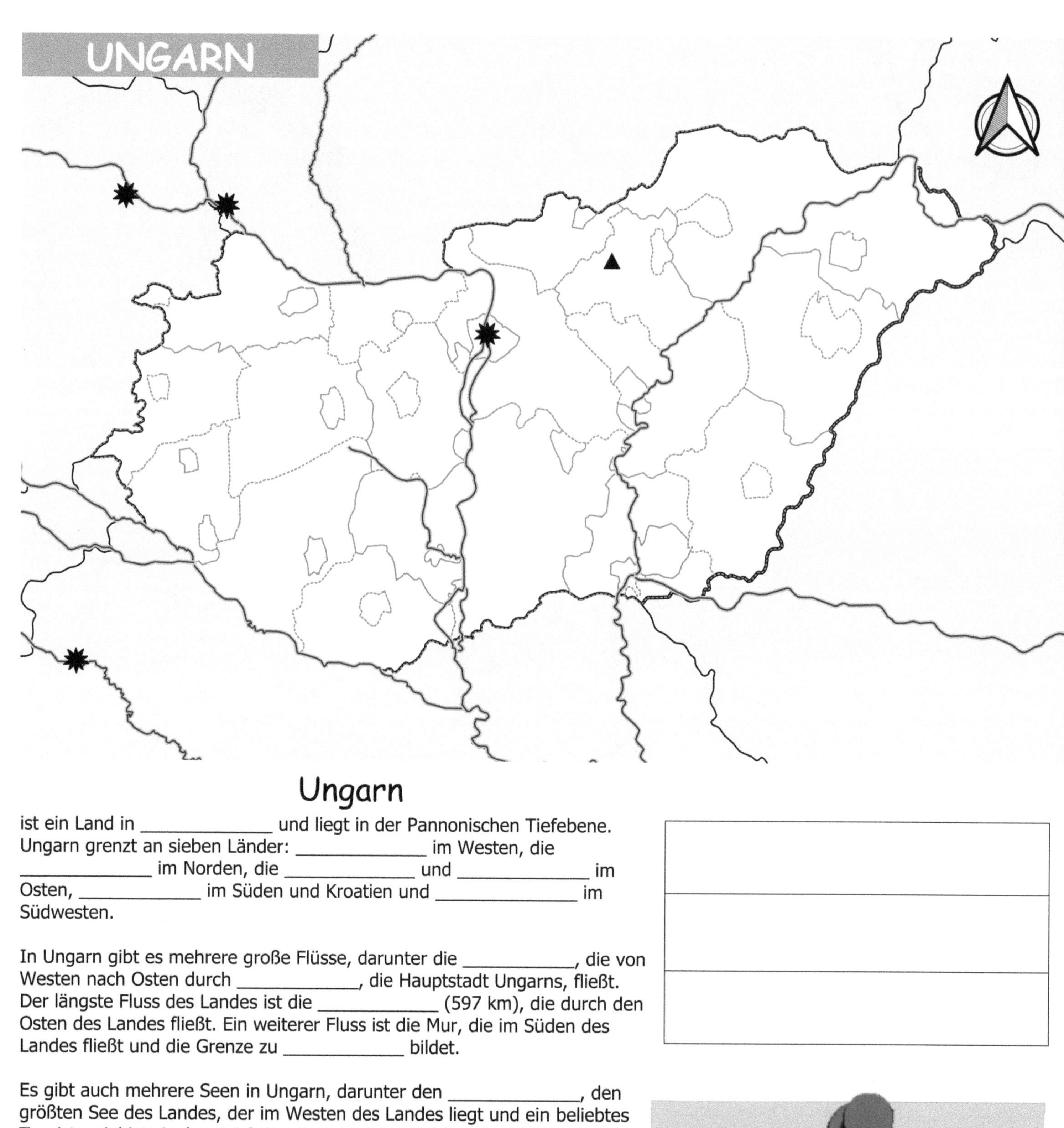

Ungarn

ist ein Land in ______________ und liegt in der Pannonischen Tiefebene. Ungarn grenzt an sieben Länder: ______________ im Westen, die ______________ im Norden, die ______________ und ______________ im Osten, ______________ im Süden und Kroatien und ______________ im Südwesten.

In Ungarn gibt es mehrere große Flüsse, darunter die ____________, die von Westen nach Osten durch ____________, die Hauptstadt Ungarns, fließt. Der längste Fluss des Landes ist die ____________ (597 km), die durch den Osten des Landes fließt. Ein weiterer Fluss ist die Mur, die im Süden des Landes fließt und die Grenze zu ____________ bildet.

Es gibt auch mehrere Seen in Ungarn, darunter den ______________, den größten See des Landes, der im Westen des Landes liegt und ein beliebtes Touristenziel ist. Andere wichtige Seen sind der Balaton und der ____________-See.

Obwohl es in Ungarn keine hohen Berge gibt, gibt es dennoch einige Gebirge wie die Matra-Berge im Norden des Landes, die höchste Bergspitze ist der ____________ mit ________ Metern.

Die Vegetation in Ungarn variiert je nach geografischer Lage und Klima. Im Norden des Landes gibt es dichte Wälder, während im Süden und Osten des Landes ____________ und trockene Ebenen vorherrschen. Die Tierwelt in Ungarn ist ebenfalls vielfältig und umfasst Wölfe, ______________, Rehe und ______________, unter anderem.

Ungarn hat auch eine reiche Kulturgeschichte und viele historische Stätten wie das Schloss ______________, die Basilika von Esztergom und das Fischerbastei in ____________. Das Land ist auch bekannt für seine traditionelle ungarische Küche, die ____________ und andere Gerichte umfasst.

Offizielle Sprache:______________

Fläche in km² : ______________

Einwohnerzahl: ______________

Währung: ______________

Hauptstadt: ______________

Höchster Berg:______________

____ Längster Fluss: ______________

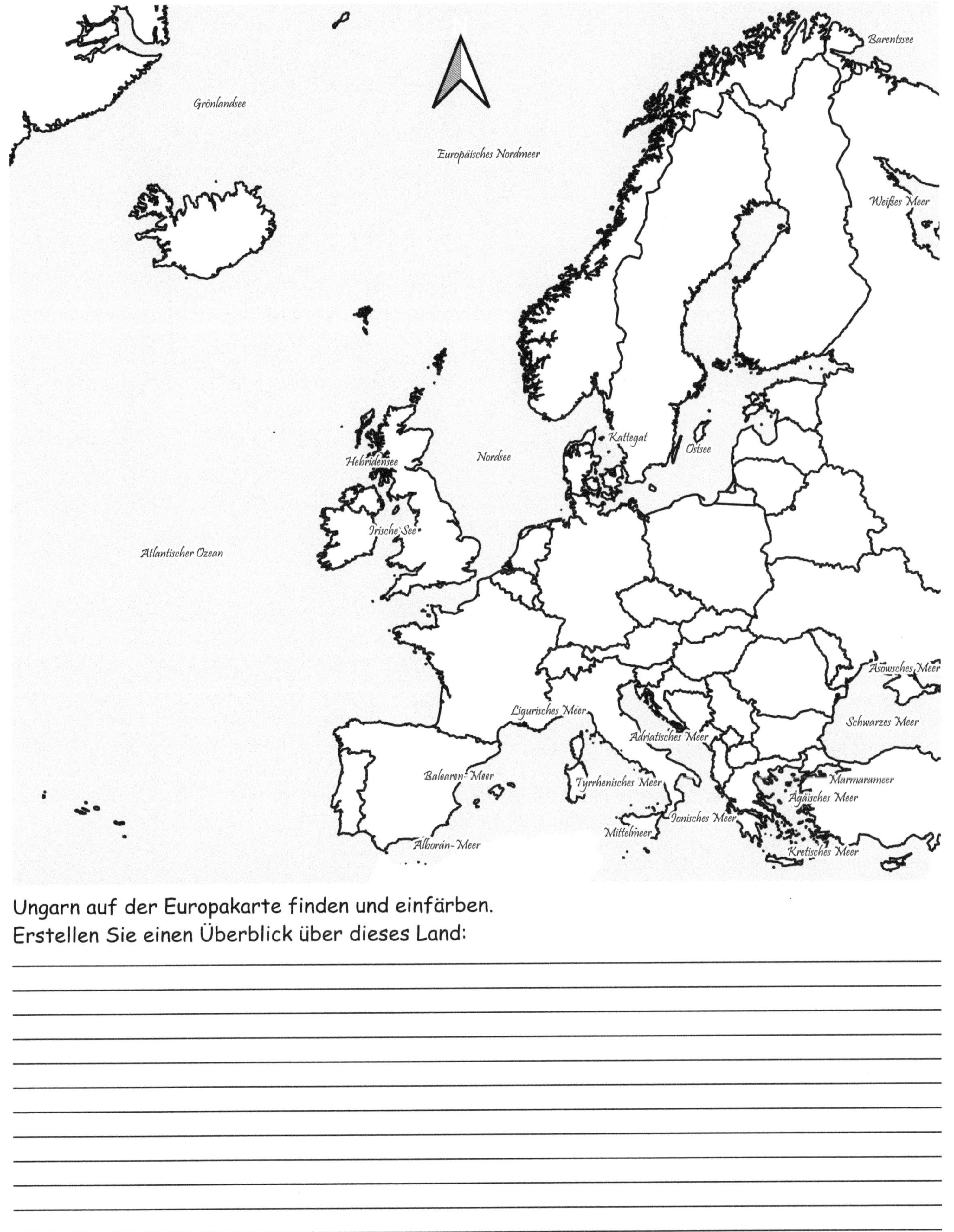

Ungarn auf der Europakarte finden und einfärben.
Erstellen Sie einen Überblick über dieses Land:

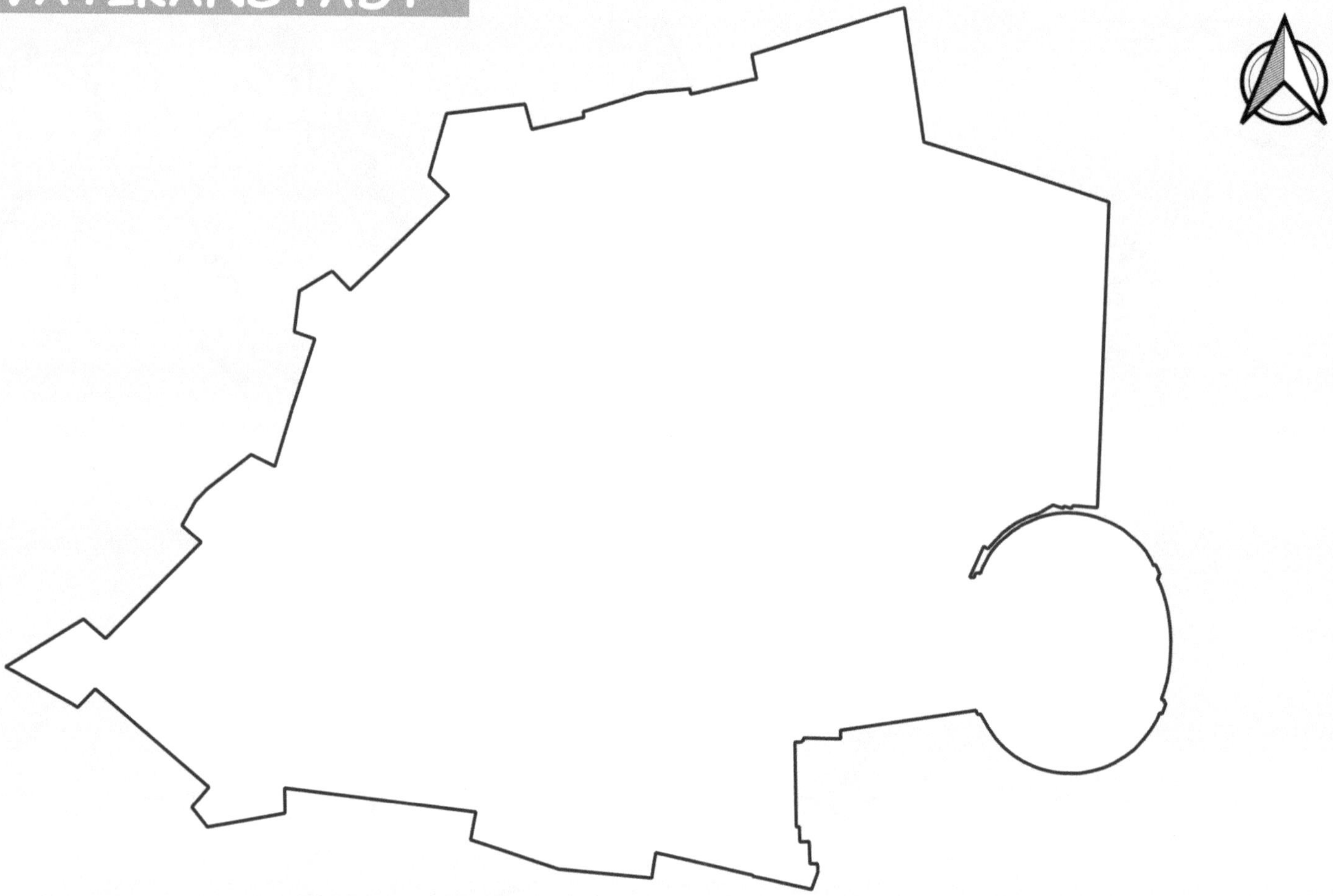

Vatikanstadt

ist ein _______________ Stadtstaat, der vollständig von der Stadt _________ in Italien umgeben ist. Es ist der kleinste Staat der Welt und hat eine Fläche von nur etwa _____ km².

Da Vatikanstadt so klein ist, gibt es keine Flüsse, Bäche, Seen oder Berge innerhalb seiner Grenzen. Der höchste Punkt im Stadtstaat ist der _________ des _____________, der etwa _____ Meter über dem Meeresspiegel liegt. Es gibt auch einen kleinen Garten namens Giardino _____________, der einige Bäume und Pflanzen enthält.

Die Vegetation in Vatikanstadt ist begrenzt, da es sich um einen städtischen Raum handelt. Es gibt jedoch einige Grünflächen und Bäume, darunter Zypressen und _____________. In Bezug auf die Tierwelt gibt es aufgrund des städtischen Charakters des Staates keine einheimischen Tiere oder Fauna in Vatikanstadt.

Obwohl Vatikanstadt von Rom umgeben ist, ist es ein unabhängiger Stadtstaat mit eigenem Regierungssystem, Währung und Rechtssystem. Es ist auch der Sitz des ________________ Papstes und des Heiligen Stuhls, was ihm eine wichtige Rolle in der katholischen Kirche und der Weltreligion gibt.

Insgesamt ist die Geographie von Vatikanstadt aufgrund seiner geringen Größe und städtischen Charakters begrenzt, aber aufgrund seiner wichtigen Rolle als Sitz des katholischen Papstes hat es eine hohe Bedeutung in der Weltgeschichte und der katholischen Kirche.

Offizielle Sprache:_________________

Fläche in km² : _________________

Einwohnerzahl: _________________

Währung: _________________

Hauptstadt: _________________

Höchster Berg:_________________

Längster Fluss: _________________

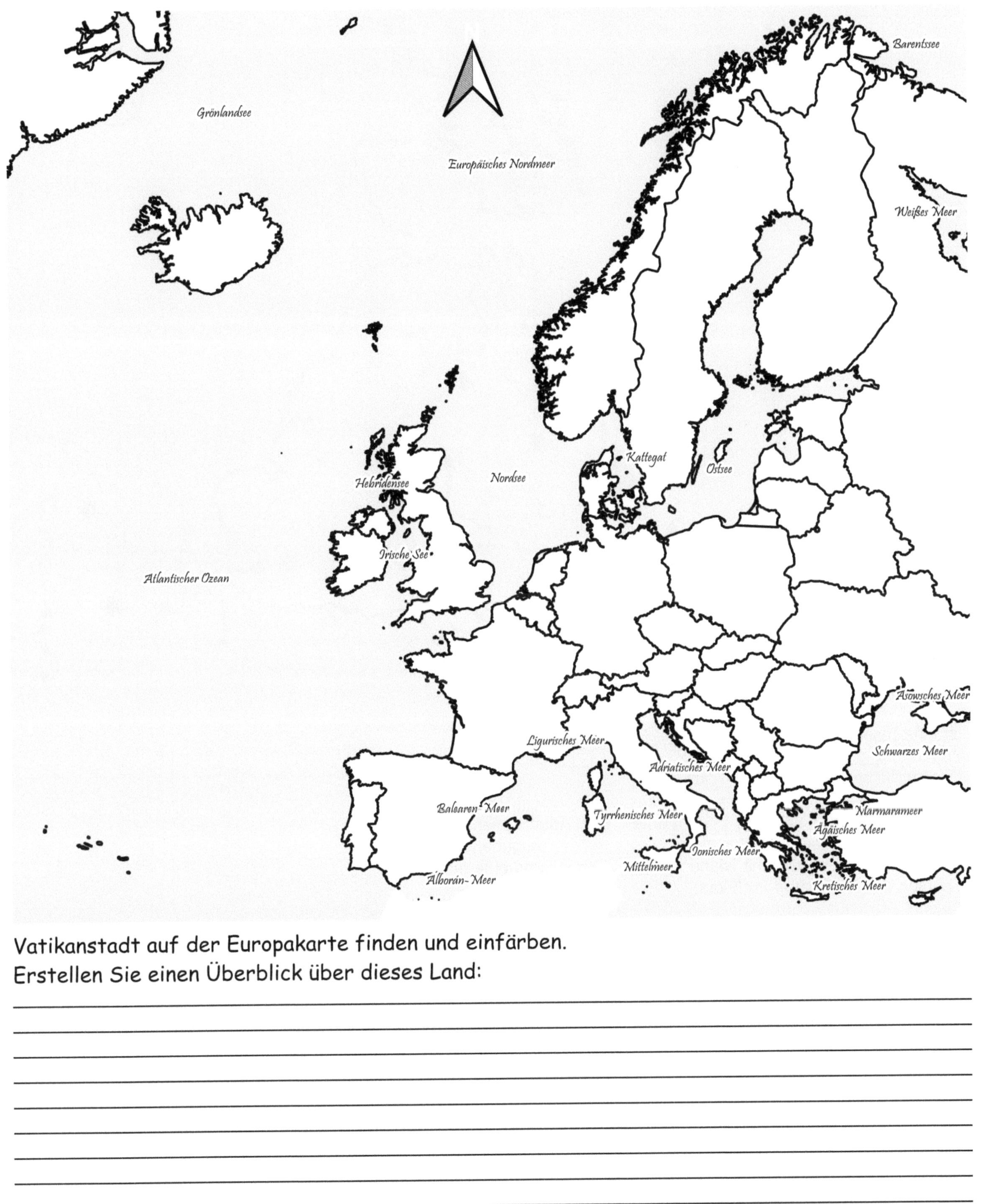

Vatikanstadt auf der Europakarte finden und einfärben.
Erstellen Sie einen Überblick über dieses Land:

____
____
____
____
____
____
____
____
____
____
____
____
____
____
____
____

VEREINIGTES KÖNIGREICH

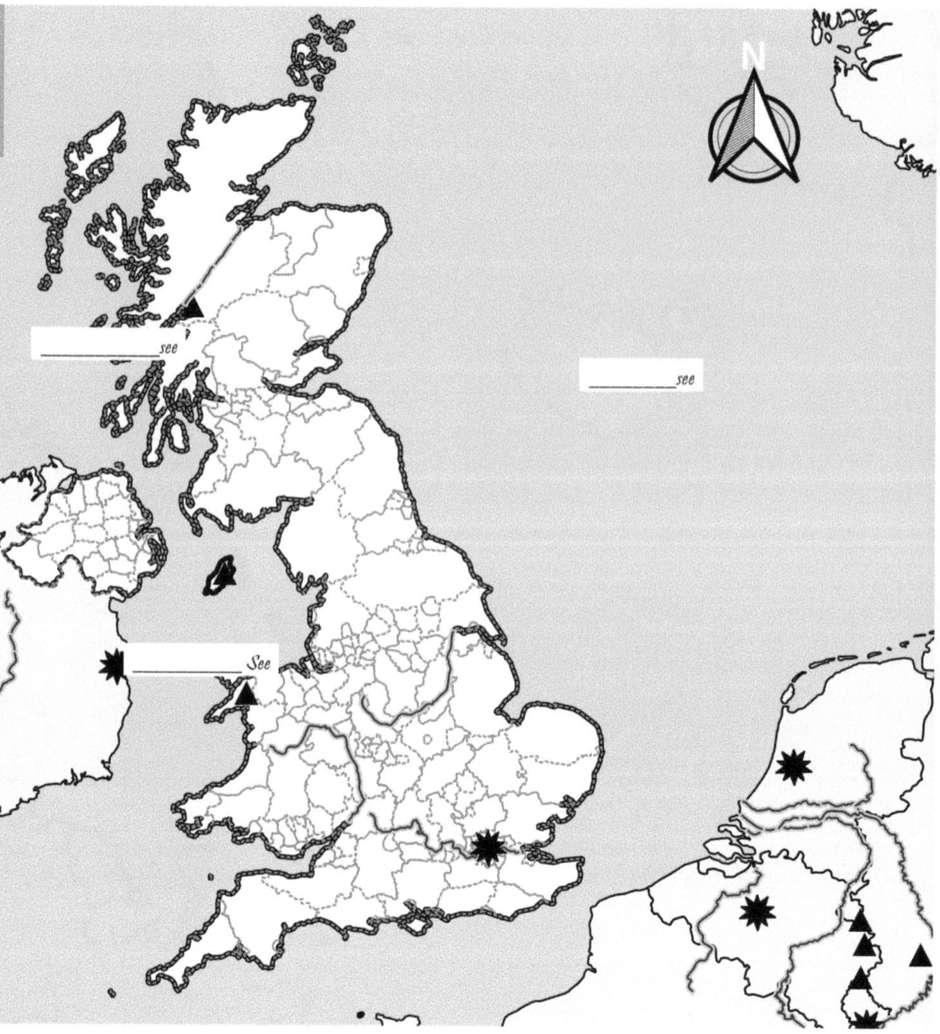

Vereinigtes Königreich

ist eine Inselgruppe im ____________ Europas. Es besteht aus England, ___________, Wales und ____________. Das UK hat eine Gesamtfläche von __________ km².

Das UK ist von der ___________ im Osten, dem Atlantischen Ozean im _________ und dem Ärmelkanal im ____________ umgeben. Es hat zwei Landgrenzen: eine mit Irland im ___________ und eine mit Spanien durch Gibraltar im Süden.

Das UK hat zahlreiche Flüsse und Seen, darunter den Fluss Themse, der durch ___________ fließt. Der längste Luss des Vereinigte Königreich, der ____________ mit ____ km, entspring in Zentralwales in den _____________ Montains. Weitere wichtige Flüsse sind, die __________, die Humber und die _____________. Es gibt auch viele Seen im UK, darunter der ______________ in Schottland, bekannt für seine angebliche Monster-Legende.

Das UK hat auch viele Berge, die höchsten davon sind in Schottland und Wales zu finden. Der höchste Gipfel des UK ist der _______ _______ in Schottland, der eine Höhe von ________ Metern hat. Andere hohe Berge sind der _____________ in Wales und der ____________ Pike in England.

Die Vegetation im UK ist vielfältig und variiert je nach Region. Die Landschaft in England ist hauptsächlich von Ackerland und _____________ geprägt, während in Schottland und Wales die Landschaft von ____________ und Bergen geprägt ist. Es gibt auch viele Wälder und Heidelandschaften im UK. Die Fauna ist ebenfalls vielfältig, mit verschiedenen Arten von Säugetieren, Vögeln, Reptilien und Amphibien.

Offizielle Sprache: ________________

Fläche in km²: ________________

Einwohnerzahl: ________________

Währung: ________________

Hauptstadt: ________________

Höchster Berg: ________________

Längster Fluss: ________________

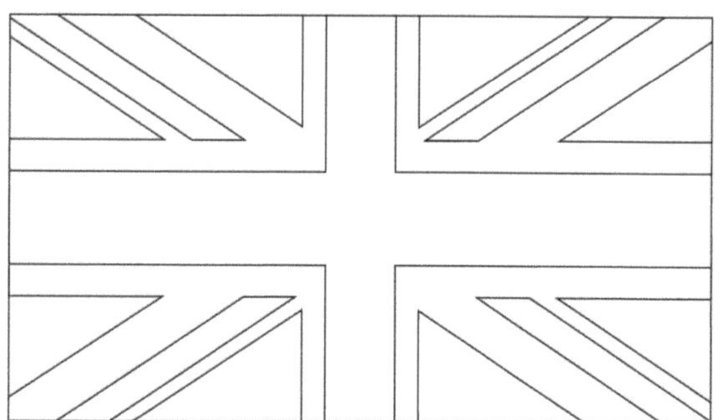

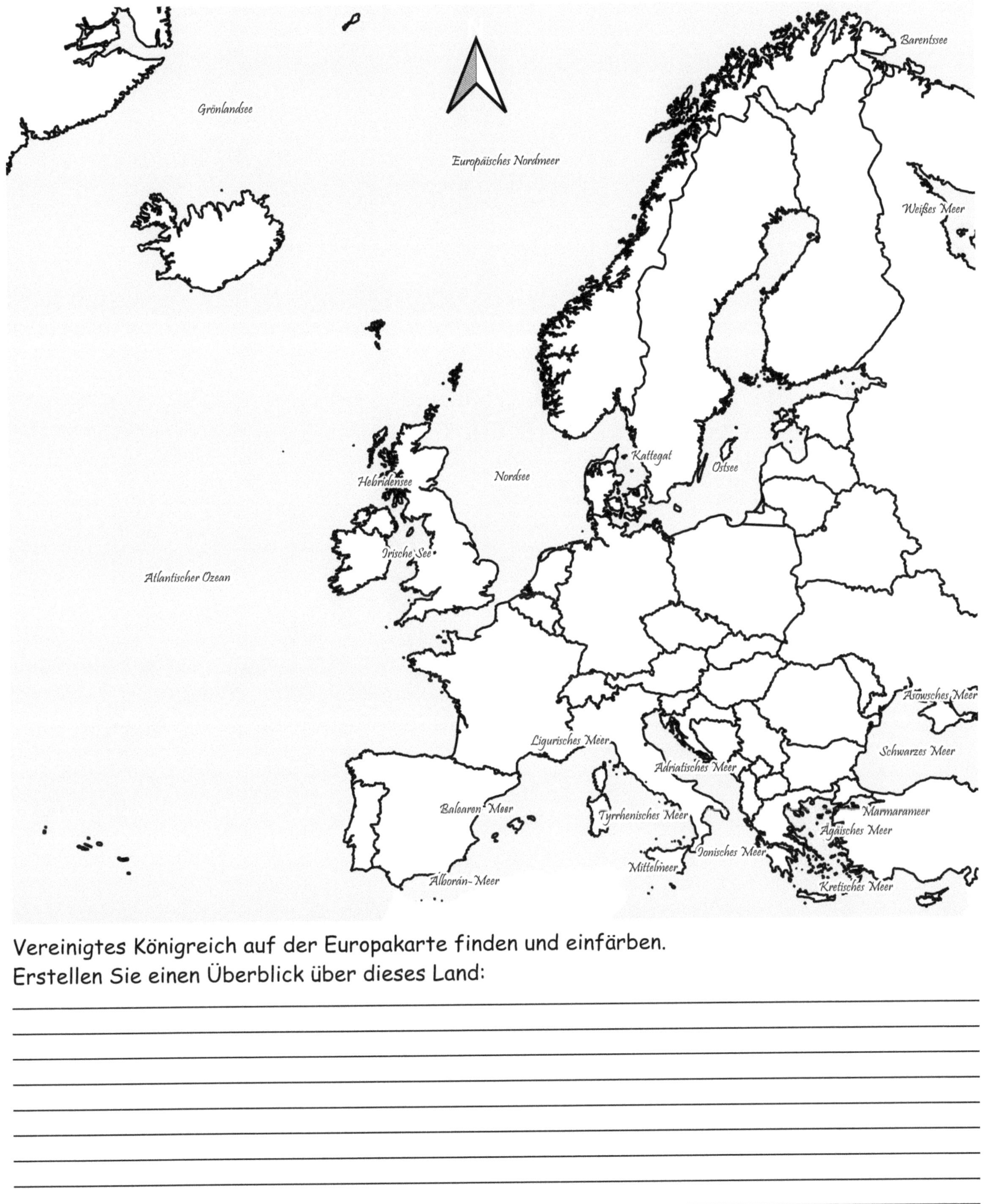

Vereinigtes Königreich auf der Europakarte finden und einfärben.
Erstellen Sie einen Überblick über dieses Land:

Europäische
Staaten

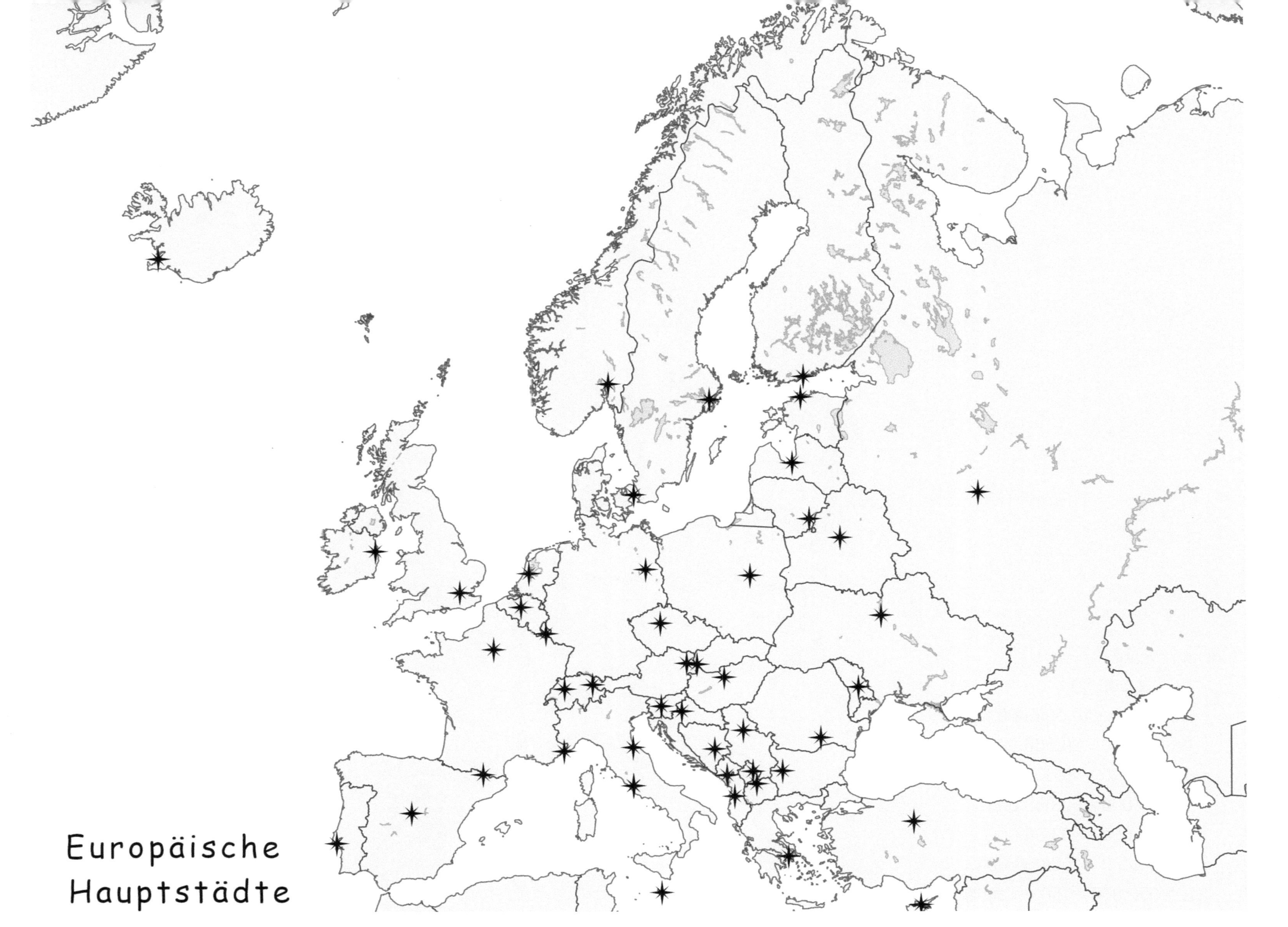

Europäische
Hauptstädte

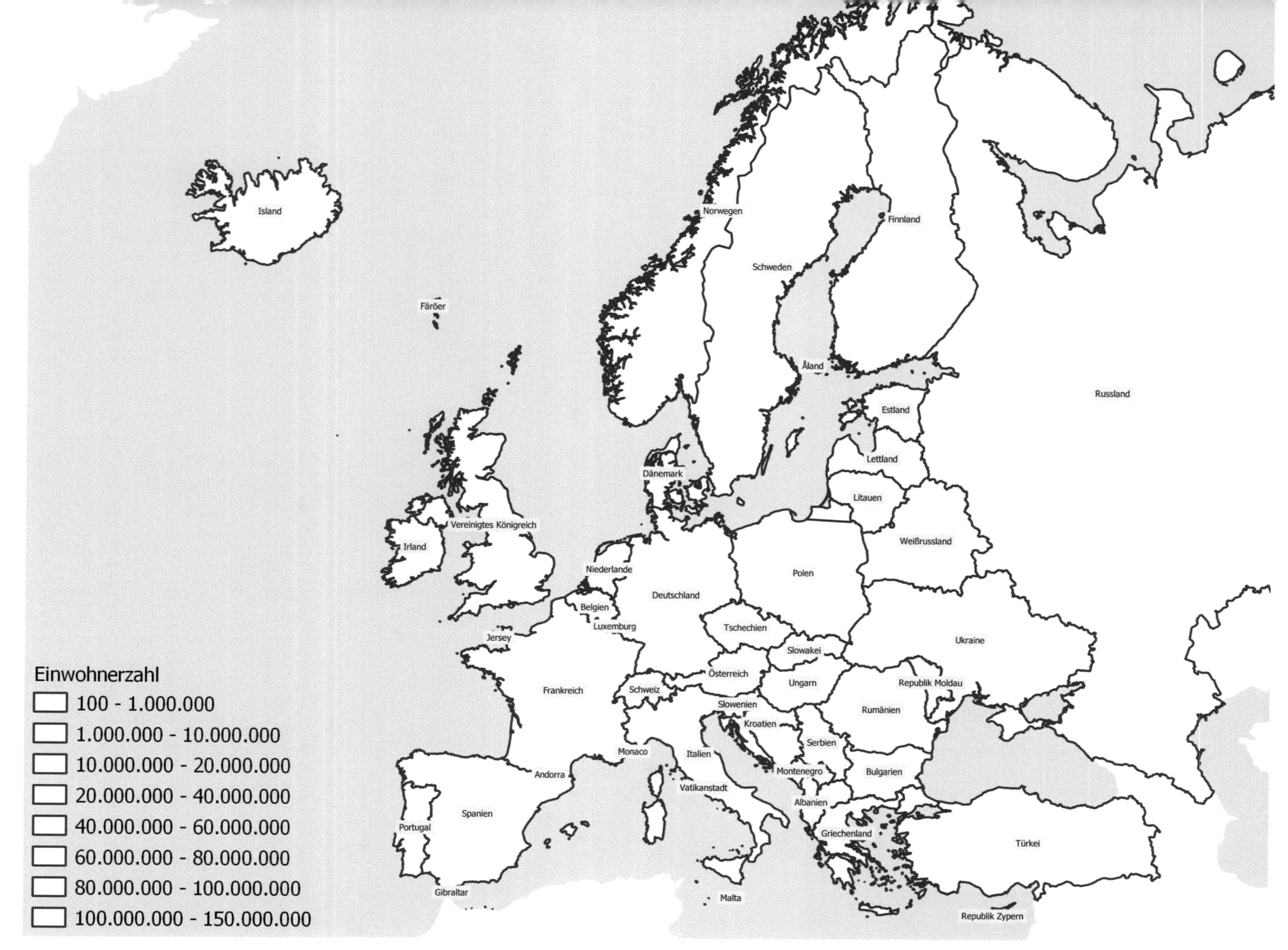

Einwohnerzahl
100 - 1.000.000
1.000.000 - 10.000.000
10.000.000 - 20.000.000
20.000.000 - 40.000.000
40.000.000 - 60.000.000
60.000.000 - 80.000.000
80.000.000 - 100.000.000
100.000.000 - 150.000.000
Island
Färöer
Norwegen
Schweden
Finnland
Russland
Åland
Estland
Lettland
Litauen
Weißrussland
Vereinigtes Königreich
Irland
Dänemark
Niederlande
Belgien
Luxemburg
Deutschland
Polen
Ukraine
Jersey
Frankreich
Schweiz
Österreich
Tschechien
Slowakei
Ungarn
Slowenien
Republik Moldau
Rumänien
Kroatien
Serbien
Bulgarien
Montenegro
Albanien
Griechenland
Türkei
Monaco
Andorra
Portugal
Spanien
Gibraltar
Italien
Vatikanstadt
Malta
Republik Zypern

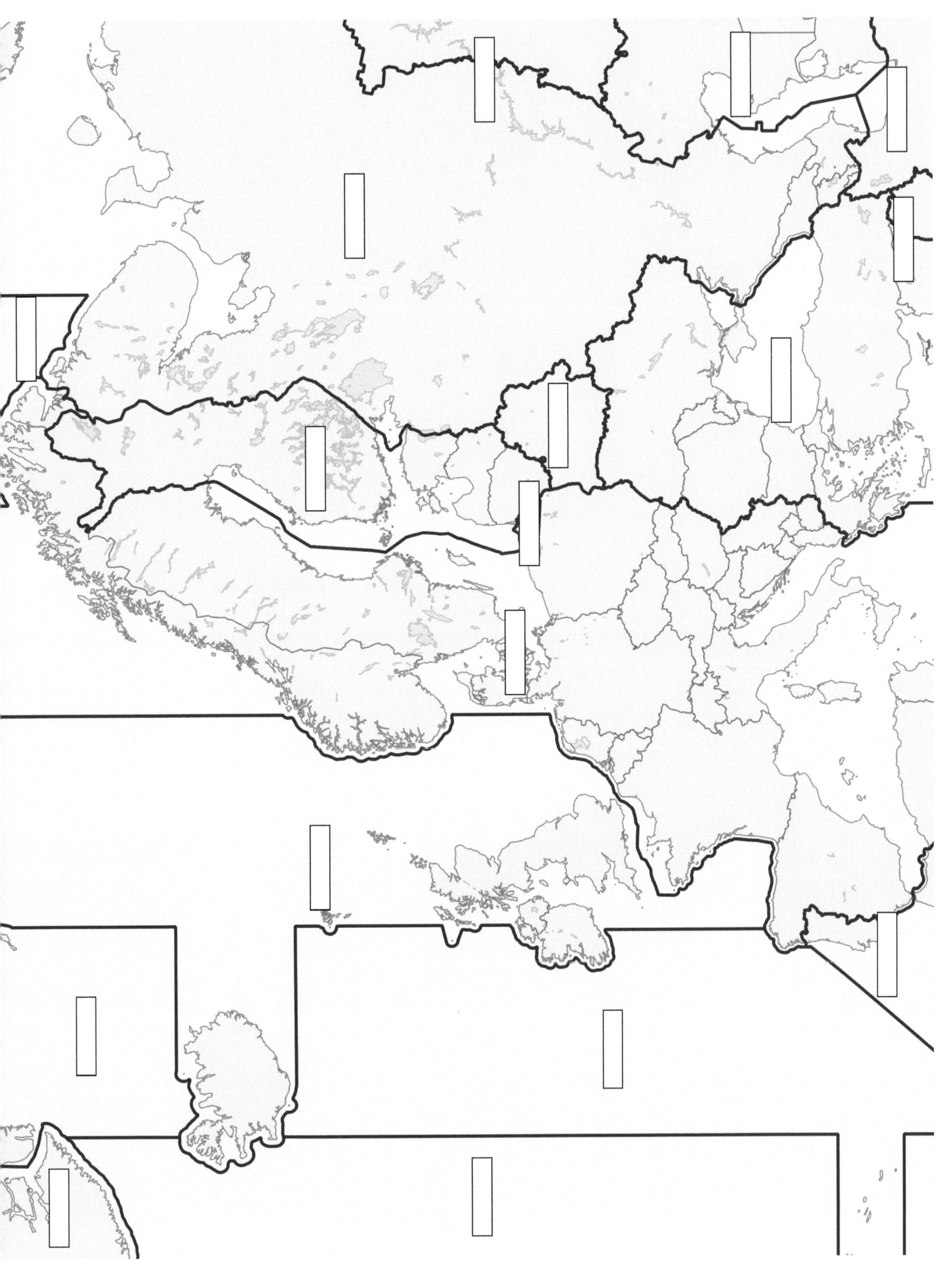